我们都是科学家

那些妙趣横生而寓意深远的科学实验

（第3版）

■ 薛加民 著

U0233775

人民邮电出版社

北京

图书在版编目（ＣＩＰ）数据

我们都是科学家 ： 那些妙趣横生而寓意深远的科学实验 / 薛加民著. -- 3版. -- 北京 ： 人民邮电出版社, 2024.8
（爱上科学）
ISBN 978-7-115-63289-0

Ⅰ. ①我… Ⅱ. ①薛… Ⅲ. ①科学实验－普及读物 Ⅳ. ①N33-49

中国国家版本馆CIP数据核字(2024)第022119号

内 容 提 要

全息成像、激光传声、磁悬浮……本书让你通过身边的有趣实验获得应用前沿科技的奇妙体验。这是一本关于物理学的原创科普图书，作者用独特的视角与方式，深入浅出地为你揭秘光、电、磁等物理学领域的专业知识；这是一本面向喜欢动手的科学爱好者的指导手册，让你在轻松完成有趣物理实验与制作项目的同时，探究"高科技"的奥秘。

如果你是科学爱好者，不要错过这本书，它会让你眼界大开；如果你是学生，无论是在读中学，还是大学，不要错过这本书，它会告诉你"动手学科学"的方法与思路；如果你是科普作者或科学老师，不要错过这本书，它对知识的专业解读和翔实的介绍，会为你提供不一样的科学视角。本书适合对物理感兴趣的普通读者阅读。

◆ 著　　　　　薛加民
　责任编辑　　胡玉婷
　责任印制　　马振武

◆ 人民邮电出版社出版发行　　北京市丰台区成寿寺路 11 号
　邮编　100164　　电子邮件　315@ptpress.com.cn
　网址　https://www.ptpress.com.cn
　北京宝隆世纪印刷有限公司印刷

◆ 开本：720×960　1/16
　印张：15.25　　　　　　　　　2024 年 8 月第 3 版
　字数：318 千字　　　　　　　2024 年 8 月北京第 1 次印刷

定价：89.80 元

读者服务热线：(010)53913866　印装质量热线：(010)81055316
反盗版热线：(010)81055315
广告经营许可证：京东市监广登字 20170147 号

第3版前言

当房桦主编告诉我人民邮电出版社计划再版这本书时，我感到非常高兴，看来还真有不少读者喜欢它。在这里我想对读者朋友说："让您破费了！"

这本书能够以近乎精美艺术品的形式展现在各位面前，要感谢人民邮电出版社各位编辑的辛勤工作。他们为整理文字内容、设计章节版式，甚至选择书的名字倾注了大量的心血。科普读物从来就不容易让大众产生好感，而这本书如果没有这么高端大气的形象，估计很难引起各位读者的兴趣吧。

我常常关注各大售书网站，看看读者有没有一些批评建议，也担心卖家会因为这本书卖不出去而亏本。总体来说，大家抱着对写作新手的宽容，对这本书给予了很高的评价。我知道，科普读物总是难敌小说和杂志，因为科学的乐趣并不像小说故事或电视剧、电影那样显而易见。它常常隐藏在一扇沉重得让人畏惧的大门之后。然而，当推开那扇门，我们就会进入一个鸟语花香的世界。本书的目的就是希望能够稍微拉开一道门缝，让读者都能窥见这个精彩的科学世界。当然，我并不是希望每个读者都成为职业的科学家，而只是希望更多的人能够欣赏和体会科学之趣。生活中多了一个乐趣的来源，不是很好吗？

《我们都是科学家：那些妙趣横生而寓意深远的科学实验（第3版）》更正了修订版中的一些错误，以期更为准确。

前言

> ❝ 科学家和小朋友的差别，仅在于他们玩具的价格不同 ❞

亲爱的读者，你想知道激光笔发出的光为什么那么集中，颜色为什么那么单一吗？你想知道磁悬浮列车是怎样运行的吗？你想知道信息是怎么在光缆里传输的吗？你想知道全息照相是怎么回事吗？

有读者会说了，这还不简单，有问题上百度搜索一下呗！

但是，正如古人所言："纸上得来终觉浅，绝知此事要躬行。"唾手可得的知识往往会被迅速遗忘，而亲手验证过的知识却能铭刻于心。亲手做科学实验，正是本书的宗旨。通过阅读本书，读者将和我一起，通过搜集一些不难得到而且便宜的材料，亲自动手实验来一步一步解答我们心中对于科学知识的一些疑问，体验一些平日里看起来遥不可及的"高科技"。我们将通过"解剖"一支激光笔来了解激光产生的原理（你会发现激光并不一定生来就是一束细细的光线）；我们将通过制作磁悬浮装置来揭秘其背后极其丰富的物理、电子知识（把制作好的装置展示给朋友们看，一定会让他们感到惊讶）；我们将用一束激光来传递声音（现代光纤通信的鼻祖）；我们将用两三个部件来亲手制作一张全息照片（真正的3D照片在你的双手中诞生）。想了解其他更多有趣而且科学含义深刻的实验，请浏览本书目录。其中每一章都是一个完整的实验，有理论简介、材料列表、制作过程和知识拓展加深。

市面上有不少关于动手制作的书，但大部分都是关于电子制作的，而关于科技制作的书（或网站）则大多是"小学生科技制作"之类，读起来有点"幼稚"。本书的读者以喜欢动手的科学爱好者为主，制作的内容都包含比较深刻的科学（主要是物理学）含义，很多还能联系到当今前沿科学研究。虽然如此，每个实验的基本原理和过程却是具备高中知识水平就能理解和进行实践操作的，如果牵涉比较复杂的科学知识，书中都尽量以高中知识为基础加以解释，并提供相关的资料来源供读者进一步学习研究。实验所需要的材料，都是能从网上买得到的、老百姓买得起的东西。

著名的物理学家费曼在他的《别逗了，费曼先生！》（强烈推荐读者阅读）一书中提到了这么一个故事："师生不求甚解，教科书也是'摩擦发光：当晶体被撞击时所发出的光'这样的句子，只是教名词，只是用一些字说出另一些字，一点都没提到大自然——没有提到撞击什么晶体会发光。学生看了，会不会想回家做实验呢？不会，他们根本不知怎么做。可是，如果你写'在黑暗中拿钳子打在一块糖上，会看到一丝蓝光。（使用）其他晶体也有此效果，这叫作摩擦发光。'那么就会有人回家试着做（实验），这是一次与大自然的美妙相遇经验。"由此可见，大师对于"动手实践"的推崇。我在读了费曼的这个故事后，找来了冰糖进行尝试，并未成功。后经搜索查询，得知要用不透明的硬糖来完成这个实验，原因不详。于是我买了一袋水果硬糖，放在一个玻璃瓶里，在黑暗里使劲摇晃。果然！能看到撞击下的糖块发出星星点点的蓝色微光！

读者在尝试本书中的实验时，很有可能会一次一次地遇到我上面提到的情况，一开始遇到些挫折是非常正常的。毕竟书中的实验大都比较"高科技"。每个人所能得到的材料略有差别，或者有一些细小的问题文中没有提到。实际上，本书内容将会着重突出原理和实验的关键，把细节问题和细微设计留给读者自己解决、完成，这样读者就会把本书当作引导，当作"灵感"的来源，而不是按部就班地机械重复（学校中的实验课本有时让我们只能按部就班按几个按钮，抄录一些数据，把一个个有趣的实验活生生地变得索然寡味，把与大自然的美丽邂逅变成被安排的形式化"相亲"）。

读者会发现，正是那些大大小小的可以被克服的挫折让实验的过程充满挑战，让成功带来的喜悦倍加珍贵。相信通过亲手尝试，你能够一次次地"与大自然美妙地相遇"！

薛加民

推荐序 1

Dear Chinese reader,

The book in your hand is a collection of fun and inspiring amateur science projects. The author, Jiamin, was a PhD student in my group in the Physics Department of the University of Arizona. I witnessed and sometimes participated in the creation of more than half of the projects in my lab. We played with the diamagnetic levitation (Chapter 7) and levitron (Chapter 8) together. From time to time Jiamin would show me other interesting stuff he made in his spare time, such as the bending laser light in sugar water (Chapter 2) and PID controlled magnetic levitations (Chapter 16) etc. Even the day before he left our lab to work in another city, he was trying to measure the microwave leakage from the microwave oven in our lab (Chapter 4). Fortunately, he didn't break the oven.

Jiamin did all these projects in a lab filled with instruments costing hundreds of thousands of dollars. However, he did not use any of this equipment for these projects. So you can also enjoy the fun experiments at home with a little bit of spare money and lots of spare time, and explore some quite broad and deep science topics. Even a professional scientist can find something new and interesting from reading the book and experimenting with the project ideas.

Time to get your hands dirty and start working on them!

Best wishes,

Brian LeRoy

Tucson, Arizona

1

亲爱的中国读者：

你手中的这本书汇集了许多妙趣横生而且寓意深远的业余科学项目。本书的作者加民曾是我在亚利桑那大学物理系的博士生。我目睹了书中超过半数的科学项目是怎样诞生的，有时我还会参与其中。我们一起玩过逆磁悬浮（第7章）和磁悬浮陀螺（第8章）。加民还会时常给我看一些他在业余时间做的其他好玩的东西，如在糖水中弯曲的激光（第2章），PID控制下的磁悬浮装置（第16章）等。直到他博士毕业，将要离开我们的实验室去别的城市工作，他还在实验室里尝试测量微波炉的电磁波泄漏量（第4章）。幸运的是，他没有弄坏我们的微波炉。

我们的实验室里装满了价值数十万美元的科学仪器，而对于本书中的业余科学实验，加民并没有用到这些昂贵的设备。所以你也可以在自己家中花少许的零钱和大量的闲暇时间享受这些实验带来的乐趣。同时还能探索一些涉及非常广泛和深远的科学领域。即使是职业的科学家，也会在阅读这本书及尝试完成书中的实验时有新的有趣发现。

现在，是时候行动起来开始动手实践了！

送上最好的祝福

布赖恩·勒罗伊[1]

图桑市，亚利桑那州

---

[1] 美国亚利桑那大学物理系教授。

推荐序2

2012年我和薛加民博士在美国偶遇，我们都深受一位老科学家的影响，认为作为研究人员，进行一些科普工作非常重要，并且应该注重科学上的新发现、新发展和科学思想的传播。当收到本书的部分书稿时，我先睹为快，阅读时颇有惊艳之感。我认为这是一本极有特色的好书，因此我愿向爱好科学的读者，特别是喜爱物理学的青年读者们热烈推荐。

科学和技术支撑着现代社会的运转，其重要性自然无须多言。但是对于很多不从事科学研究的人来说，科学更像是一种"魔法"，我们需要它、使用它，却并不了解它。所谓科学家，固然是一种职业身份，但其实其更根本的特质在于能以科学之眼光看世界，以科学之方法探寻事物规律。就此而言，一个人不必非从事职业研究工作，如能掌握科学的方法和一些基本的科学知识，也完全可以称为科学家，或者至少可说是具有科学素养的人。提高国民的科学素养，与国家之文明发展、发达有极大关系，本书之旨正在于此。

其实，许多基本的科学原理和知识，在中学、大学课程里都有讲解，现代一般受过教育的人都曾学过，但为什么对许多人来说，它仍然显得那么神秘呢？著名美国物理学家费曼在他那本《别逗了，费曼先生！》中有一段关于他于20世纪50年代访问巴西并在那里教物理的故事，也许可以说明这个问题。在巴西上了一段时间课以后，费曼在一次会议上直言不讳地抨击了当时巴西的物理教学方式：孩子们从很小的时候就开始学习物理，课程内容很多、很难，学生们学习很勤奋，考试成绩优秀，但课程结束后他们却并不能真正地理解物理，因为他们仅仅是死记硬背了一些定义和公式，完全不知道怎样把他们所学的知识用到实际当中。我想，中国读者看了费曼这段话后，恐怕都会心有戚戚焉。

但是，在教育上，指出存在的问题比较容易，找到好的解决方案却很难。在改进教育工作方面，最需要的不是"破"，而是"立"，解决上述问题的方案不应该是废除理论学习，而是要增加在知识的实际运用方面的训练。但这又是很

2

难的，因为具体应用很难像一般原理那样可以直接写在书上，并且很多教师自己也同样不会实际应用。现在，这一问题也还是没有解决，动手能力弱一直是学生普遍存在的问题。

如果说课堂讲授和书本学习有一定程度的局限性，需要动手的物理实验是否能成为理论与实际之间的桥梁呢？从原则上讲应该是这样，但遗憾的是，就我所见，目前的中学和大学物理实验课程在这方面的作用非常有限。现有课程中的实验内容比较单调、枯燥，大多数是验证某个原理或定律。由于教学安排的需要，这些实验都是预先安排好的，所用的实验设备由教师预先采购、安装，学生只能按照实验手册上给出的方案操作，而很少有自己设计、探索、动脑的余地。近年来，为了方便教学，中学和大学物理教学实验设备越来越"高级"，越来越简单化、自动化，学生从中得到的训练也越来越不足。完成实验未必能加深学生对知识的理解，更谈不上训练学生将所学知识运用到实际中。

本书也许可以在提升读者的动手能力、加深读者对物理学原理的理解、锻炼读者的实际应用能力方面发挥相当好的作用。与大多数科普书内容不同，本书不仅仅是"坐而论道"，讲一些科学知识或者科学史上的故事，而是把物理学知识和一些读者可以自己做的小实验结合起来。

比如，在本书第3章"沿弧线传播的光"中，就介绍了一个仅用透明盒子、冰糖、水和激光笔这些简单材料就可以进行的一项有趣的物理实验：让光沿着弧线传播。这一实验虽然简单，读者却有很大的空间可以去自己思考、探索、体会。而且，这一简单实验涉及的物理知识也是多方面的，不仅有光折射方面的知识，而且还包括统计物理、作用量原理等——这也正是在知识理论的实际运用中经常出现的情况：和课堂教学与练习时将知识分成一个个各自独立的单元不同，在实际运用中往往需要综合运用多方面的知识，而不仅仅是局限于某一个原理或定律。在实验当中，一些并不起眼的细节对结果有很大的影响，本书的作者对这些也颇为注意，根据自己做这些实验的体会提醒实验者。本书并非教科书，无须过多顾及教学大纲安排，可以兴之所至，发挥自如，还可以补传统的物理实验课程之不足，这是其一大优点。

本书在内容上有许多新颖之处，文笔也非常风趣。比如，安德烈·海姆教授于2010年获得了诺贝尔物理学奖，而有趣的是他此前还因为让青蛙悬浮而获得了哈佛大学的搞笑诺贝尔奖。虽然名为搞笑诺贝尔奖，但此奖其实颇有深意。本书第7章对此娓娓道来，与之相联系的第8章，又介绍了磁悬浮陀螺。这些实验不仅有趣，更重要的是，简单的实验现象背后隐藏着深刻的物理学原理，因此做这些实验不仅要"动手"，也要"动脑"，启发读者深思，也教会读者如何用数学、物理学的方法分析实验现象。说到这里，我不禁想到，其实在我国，有一些动手能力很强而缺乏理论知识的民间人士，如有农民自己试制飞机、机器人等，本书对于他们，也许可有开阔眼界之功。

总之，我觉得本书实为一本不可多得的科普佳作，非常适合大、中学生和科学爱好者阅读，即使是身为科学家的专业研究人员，如我自己，阅读本书也有许多收获。希望读者能在这些有趣的实验中，体味物理规律之奇妙，并能有自己的创新和发现。

陈学雷[1]

---

[1] 中国科学院国家天文台宇宙暗物质暗能量团组首席研究员。

目录

第 **1** 章

透过太阳镜，看到半个世界

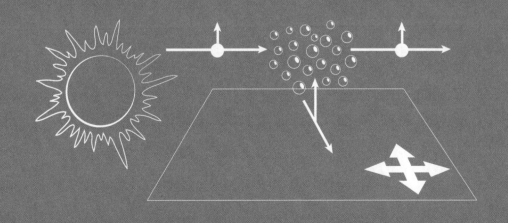

一分钟简介

"" 本章会介绍几个关于光的偏振性的实验，实验所需材料非常简单，有一副偏振片太阳镜就可以了。在这些实验中，我们将会研究如何简单有效地判断太阳镜的偏振方向；如何用太阳镜来发现东南西北各处天空的不一样；我们还将用两片偏振片来呈现一根塑料快餐叉里蕴藏的五彩斑斓的世界。

本章实验的成功率接近100%，而且其中蕴含着无穷的乐趣和深刻的原理。""

闲话基本原理

在市售的太阳镜中，有一种太阳镜被称为偏振片太阳镜，当然，商家往往还会为它加上"高科技"作为形容词。我们买回来戴上，感觉它似乎和普通的太阳镜没有太多差别——强烈的光线变得柔和了。"偏振片"到底起到什么作用呢？

光是一种电磁场在空间中的波动，用一种形象的比喻来阐释这种波，就像我们手握一根绳子的一端，将绳子另一端拴在一棵树上，上下或左右抖动绳子，绳子会产生从一端传播到另一端的相应波动。使用这两种不同的抖动方式产生的绳子波动的方向是不同的，手上下抖动绳子，绳子也会上下抖动；手左右抖动绳子，绳子也左右抖动。这就是绳波的"偏振"（两种偏振方向的绳波见图1.1）。光波也有类似的性质。一束光在水平方向上传播，它所包含的电场既可以是上下振动的，也可以是左右振动的，这被称作光波的偏振。一般光源（如太阳、日光灯等）发出的光都是非偏振的，即两种偏振方向的光都有，而且含量一样。而偏振片可以只让一种偏振方向的光通过，吸收另外一种偏振方向的光。这样，戴上偏振太阳镜，就只有一半太阳的光进入眼睛，光线自然变得柔和了。

图 1.1　两种偏振方向的绳波

动手实践

了解了偏振片太阳镜的原理，我们自然会问，既然光线有两种偏振方向，那么偏振片太阳镜究竟让哪一种偏振方向的光通过呢？这被称为偏振片的偏振方向，正是我们第1个实验的内容。

第❶个实验　判断偏振片太阳镜的偏振方向

所需材料列表

偏振片太阳镜

已知偏振方向的偏振片

判断一副偏振片太阳镜的偏振方向，最容易的方法，莫过于找到一块已知偏振方向的偏振片。如果我手头恰好有几块这样的偏振片，我们便可以开始做下面的实验了。

在图1.2（左）中，我们透过偏振片太阳镜看到了远处的景物。在图1.2（中）里，将一块已知偏振方向（如贴在偏振片上的箭头所示）的偏振片叠加在偏振片太阳镜前，此时使用的偏振片是允许上下偏振的光通过的，远处的景物依旧可以看清。但是当我们90°旋转偏振片［图1.2（右）］，神奇的事情发生了，偏振片和偏振片太阳镜重叠的部分变得漆黑。这表明，该偏振片太阳镜是让上下偏振的光通过的，所以，当偏振片只让左右偏振的光通过时，它们重叠的结果就是没有光可以通过。这两块偏振片放在一起就像一道光的阀门，可以打开（当两块偏振片方向一致时），也可以闭合（当两块偏振片方向垂直时）。是不是所有的偏振片太阳镜的偏振方向都一样？答案是肯定的，不信的话，读者可以自己试一试。

图1.2　用已知偏振方向的偏振片判断偏振片太阳镜的偏振方向

第❷个实验　轻松判断偏振片太阳镜的偏振方向

所需材料只有一副偏振片太阳镜。

有读者会问了，我手头没有已知偏振方向的偏振片，怎么办？肯定有办法！

费曼先生在他的《别逗了，费曼先生！》一书中，记载了他去巴西当客座教授时遇到的一件趣事。当时巴西的大学应试教育风气非常严重，学生只会背诵教科书上的结论。费曼发现如果用教科书上的原话来提问，学生们总是能非常流利地给出答案；但是如果换一种书上没写的方式来提同一个问题，学生们就哑口无言了，如有关偏振光的问题。就像我们的第一个实验那样，费曼先拿了一块已知偏振方向的偏振片和一块未知偏振方向的偏振片给学生们演示，大家都很容易就说出了未知偏振方向的偏振片的偏振方向。这时，费曼说，如果我们只有一块未知偏振方向的偏振片，怎么判断？费曼之所以这样问，是因为学生们刚刚学过相关的知识，应该有能力回答这个问题。但是大家面面相觑，无言以对。费曼指了指窗外的大海说："看看从海面反射的光！"仍然没有学生说话。费曼接着说："有没有人听说过布儒斯特角？"学生们迅速地回答了这个问题，并指出当自然光经过不同折射率的介质的交界面时，以布儒斯特角入射的光的反射光是完全偏振的，偏振方向垂直于入射光和反射光所在的平面。费曼问："然后呢？"学生们又沉默了。原来学生们将定理背诵得滚瓜烂熟，却完全不知道定理所描述的内容对应于自然界中的什么东西。如"不同折射率的介质"，空气和海水不就是一个例子吗？费曼拿起一块偏振片，对着窗外的海面，转动偏振片，学生们看到，随着偏振片的转动，海面出现了明暗变化，正如将两块偏振片重叠时看到的情景一样。学生们恍然大悟，大叫起来："哦，这就是偏振光！"

费曼的方法简便易行，实为"居家旅行之必备良方"。下面就让我们来体验一下。

考虑到大海不是随处可见的，我们可以用一个玻璃片来模拟海面（玻璃与空气的折射率也不一样），用一个小LED灯来模拟太阳（见图1.3）。按照费曼的描述，如果透过一个偏振片太阳镜来看玻璃表面反射的LED光，当旋转偏振片太阳镜时，我们应该可以看到玻璃表面的明暗变化。

如图1.4所示，我们的确可以看到非常明显的明暗变化。见图1.4（右）中，当水平放置偏振片太阳镜时（注意这也是把偏振片太阳镜戴在头上时它的方向），玻璃表面反射的光几乎完全不见了！实际上，不止是水面和玻璃表面，很多物体

图1.3　模拟的太阳与海面

表面反射的光都是偏振的，如柏油路、平滑的水泥地等。当太阳光的入射角度较小时，这些表面反射的光都具有很高的偏振性，其偏振方向垂直于入射光和反射光所在的平面。在我生活的地方，有时你能看到一个戴着墨镜边走边摇头晃脑的人，那正是作者本人，我喜欢通过改变太阳镜的偏振方向来使周围的物体忽明忽暗。当读者了解了这一有趣的现象，说不定也会传染上这一毛病（注意过马路时不能摇头晃脑啊）。

现在，大家应该明白为什么我开始说所有的偏振片太阳镜的偏振方向都是一样的了吧。因为这样设计的偏振片太阳镜能够有效屏蔽路面或者汽车引擎盖表面反射的强烈太阳光（想象一下图1.4所示的就是太阳从汽车引擎盖上反射的光），从而让戴偏振片太阳镜的司机可以安然地直视前方路面。

图1.4 透过偏振片看到"海面"反射"太阳光"的明暗变化

好奇的读者可能在思考，为什么反射光会有这个有趣的性质呢？这将留待本章最后一节的"探索与发现篇"揭晓。接下来我们来把目光从大地投向天空。

第❸个实验 偏振的天空

所需材料仍是一副偏振片太阳镜。

当我们透过偏振片太阳镜观看天空时，就会发现看似均匀一片、碧蓝的天空，原来也暗藏玄机。图1.5展示了透过偏振片太阳镜看到的北边的天空（此时已近黄昏，太阳在西边接近地平线的地方），不难发现，在图1.5（右）中，透过偏振片太阳镜看到的天空比图1.5（左）中的天空要暗得多。注意，在拍摄这两幅照片时，我采用了相机中的手动曝光模式，确保了左右两张照片的曝光强度是一致的（同样的曝光时间和光圈大小），这样才能对它们的明暗进行有意义的比较。如果选择自动曝光模式，相机会选用不同的曝光强度来使整个画面的平均亮度保持一致，那么在两幅照片中，天空的明暗变化就有可能是相机曝光强度不一样导致的。

图1.5   夕阳下，透过偏振片太阳镜看到的北边的天空

图1.5告诉我们，此时北边的天空所发出的光大部分是垂直于地平面偏振的。北边的天空有这样神奇的现象，那么西边的天空如何呢？见图1.6，很容易看出，西边的天空并没有可以察觉的偏振特性。不论我们怎么摆放偏振片太阳镜，亮度都是一样的。读者还可以尝试观察一下东边和南边的天空。

图1.6   透过偏振片太阳镜观察西边的天空

同样是经过大气分子散射的阳光，偏振性的差距怎么就这么大呢？关于这一点的讨论，我们也留到"探索与发现"篇。

第4个实验   从透明中发现五彩斑斓

在前面的实验中，通过偏振片，我们只能看到明与暗的变化，未免有些单调乏味。在这个实验中，我们将用两块偏振片来展示一个五彩斑斓的现象。

所需材料

两个偏振片太阳镜　　　　　　　　　塑料快餐叉

很多人都用过透明的塑料快餐叉，它看起来的确平平无奇。但是我们只用两块偏振片，就可以"化腐朽为神奇"。首先我们把两块偏振片垂直放在一起，使得它们的重叠区域不透光，如图1.7所示（我没有用偏振片太阳镜，因为弯曲的表面不太适合拍摄，但是无论使用哪种偏振片观察到的效果都是类似的）。

接下来，我们把透明的塑料快餐叉放入两块偏振片之间，如图1.8所示，这块平淡的塑料可能从未料到自己还会有如此流光溢彩的一刻！在没有塑料快餐叉的部分，依然没有光透过，在有塑料快餐叉的部分，七彩在塑料中流淌，尤其在它的末端，各种颜色聚集。如果把塑料快餐叉有齿的那一端放到两块偏振片之间，我们也能看到这美丽的现象。

图1.7　将两块偏振片垂直放置　　　图1.8　在两块偏振片之间，透明的塑料快餐叉变得五彩斑斓

探索与发现

要成为优秀的业余科学家，我们还必须透过热闹看门道。在这一节中，我们将进一步探索本章各种实验的原理。

神奇的偏振片为什么可以有选择地吸收某一种偏振光呢？这得从偏振片的微观结构说起。偏振片是一种溶解了导电物质的特殊塑料。在制作的过程中，这种特殊塑料的导电高分子链平行排列，如图1.9所示，在这种材料中，电子可以沿着导电高分子链运动，却不能在垂直于导电高分子链的方向上运动。我们是否可以通过测量电阻来判断偏振片中导电高分子链的排列呢？读者不妨试一试。

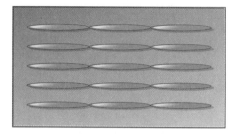

图1.9　导电高分子链在偏振片中平行排列

正如本章开始提到的，光是电磁场在空间中的波动。当一束含有两种偏振方向的非偏振光入射这块偏振片时，如图1.10所示，平行于导电高分子链偏振的光的电场能够加速偏振片中的电子沿着导电高分子链运动，从而把光的能量转化成了电子的动能，然后变成导电高分子链的热能（因为导电高分子链有电阻）。而电子不能沿垂直于导电高分子链的方向运动，从而垂直于导电高分子链偏振的光无法被电子吸收。这样，偏振片就实现了有选择性地吸收某一种偏振方向的光。

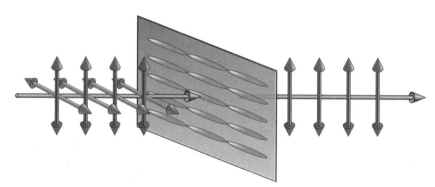

图1.10　平行于导电高分子链的偏振成分被吸收了

有读者可能会问，在图1.10中，如果入射光是一束沿着45°角偏振的光，那偏振片到底是吸收它还是不吸收它呢？这个问题，我们只需要借助高中学过的向量分解就可以解决。如图1.11所示，沿45°角方向振动的电场可以被分解为平行于导电高分子链和垂直于导电高分子链的两个分量，容易看出，水平分量还是可以驱动电子沿着导电高分子链运动从而被吸收的，而垂直分量可以通过。所以沿着45°角偏振的光经过偏振片后，也变成了竖直方向，电场振动的幅度减小为入射光的$1/\sqrt{2}$。光的强度是以电场强度的平方来衡量的，所以光的强度减少为原来的一半。至于以任意角度入射的偏振光究竟有多少被偏振片吸收，则留给读者去计算了。

接下来，我们来探究一下，为什么海面、玻璃表面等反射的光具有偏振性。如果大家翻开大学的光学物理书，就能找到关于这个问题的理论解释。但是我们往往容易被一堆公式淹没，即使每一步公式推导都能理解，但是合上书很快就忘记了。今天我们不用任何公式，仅仅看图来了解这个现象背后的秘密（这种图像思考的方式也是费曼先生所推崇的）。

图1.12描绘了反射过程中各束光的偏振态（注意光波是横波，即它的电场振动方向始终是和传播方向垂直的），图中⊙代表光波的电场垂直于纸面振动。入射光是非偏振的，如阳光，照射到水面上以后，反射光和折射光的偏振态如图1.12所示。我们容易发现，⊙方向偏振的入射光在反射和折射之后，还是⊙方向偏振。而↗方向偏振的入射光却要变成↗方向偏振的折射光，以及更加"离谱"的↖方向偏振的反射光。我们应该很容易理解光在反射时候的难处了：要把入射光沿着↗方向振荡的电场硬扭成↖方向振荡的电场，想一想也不是一件容易的事情。所以当我们了解到反射光大多是平行于水面的偏振光时，也就有几分"感同身受"了。

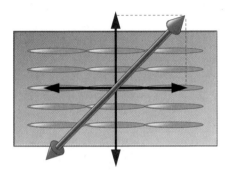

图1.11 45°角入射的偏振光，有一半被偏振片吸收了

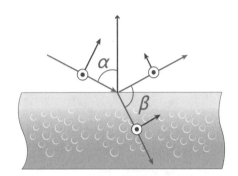

图1.12 反射光和折射光的偏振态

如果读者不满意这么卡通化的解释，我们也可以找到更加科学一些的理论，想象当⊙方向的偏振光抵达水面时，它的电场会晃动水分子中的电子，然后这些电子再发射出折射光和反射光（发光的过程可以形象地理解为电子在摇晃时发出的电磁波，物理学家称其为偶极辐射）。类比本章开篇提到的绳波，从那里我们可以看到，当晃动绳子的一头时，"发射"出去的绳波是垂直于晃动方向的，光波的发射也是类似的。一个晃动的电子发出的光波也基本上垂直于电子的晃动方向。当↗方向的偏振光抵达水面时，它的电场使得水分子中的电子沿着↗方向晃动，此时麻烦就出现了。折射光还好，因为它的传播方向基本和↗方向垂直，但是反射光的传播方向却几乎和↗方向平行，沿↗方向晃动的电子几乎不可能发射出向这个方向传播的光。所以反射光就主要由⊙方向的偏振光组成了。而费曼先生提到的布儒斯特角，就是当入射光以布儒斯特角入射时，反射光完全是⊙方向偏振的。如图1.12所示，如果反射光和折射光之间的夹角等于90°，则反射光完全偏振，此时的入射角就被称为布儒斯特角，这是一种产生完全偏振光的好办法。而且如果知道了空气和水的折射率（可以分别取为1和1.33），就可以用高中学过的物理知识计算出这个入射角，读者不妨一试。

理解了水面反射光的偏振性，再来看天空的偏振性就比较容易理解了。

我们之所以从各个角度都能看到明亮蔚蓝的天空，是因为有大气的散射存在。月球上没有大气，因此航天员看到的天空就只有朝向太阳的那一个方向是明亮的，其他方向都是深邃的黑。图1.13画出了当夕阳西下时，我们观看北边的天空的情景（读者可能会好奇为什么在我画的太阳上有一个小黑点，这是为了纪念2012年6月5日发生的金星凌日现象。当时我透过望远镜看到的景象正如图1.13所示（下一次金星凌日将会出现在2117年，错过了这一次的朋友还可以等下一次）。入射的太阳光依旧包含等量的两种偏振方向的偏振光，在它们抵达地球大气的时候，就会摇晃大气分子中的电子。↑方向晃动的电子在向四周发出↑方向偏振的光，它们主要集中在与↑方向垂直的平面（即与地面平行的平面）内传播。而⊙方向晃动的电子所发出的⊙方向偏振的光则主要分布在垂直于⊙方向的平面内。当朝北边（或南边）的天空看时，我们只看到↑方向的偏振光，所以那里的天空表现出很大的偏振性。而朝西边或东边的天空看时，则两种偏振方向的光都有，从而没有了偏振性。

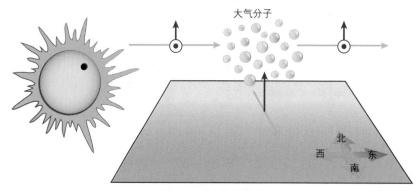

图1.13　天空的偏振性

最后，我们来看看一个普通的塑料餐叉为什么会在偏振片的包围中变得五彩斑斓。如图1.7所示，将两块偏振片垂直地叠在一起时，本应没有光可以通过。当入射光通过第一块偏振片（假设允许沿水平方向偏振的光通过），一半光被吸收了，只剩下了沿水平方向偏振的光。而第二块偏振片恰好只允许沿竖直方向偏振的光通过，沿水平方向偏振的光完全被它的高分子链吸收了，所以最终入射光被这两块偏振片全部吞没了。但是如果在光通过第一块偏振片以后，我们能够想办法把它的偏振方向稍微旋转一下，使它不完全是沿水平方向偏振的，那么根据向量分解，它就能有一部分穿透第二块偏振片。塑料正是起到了这么一个作用（见图1.14），这种现象被称作旋光性。塑料是怎么实现这么神奇的作用的呢？我们可以这样形象地理解：和偏振片一样，普通塑料也是由高分子链组成的，与偏振片不同的是，这些高分子链的作用是很努力地把入射到它们上面的光的电场振动方向稍微拧一下，这就导致了旋光效应。而且这个拧的程度大小与高分子链排列的整齐程度有关，与光的波长也有关。塑料在制造的过程中，各个地方的高分子链排列的整齐程度是不一样的，所以各个地方对不同波长（或者说不同颜色）的光的旋转作用也不一样。有些地方旋转红光厉害一些，那么，在光通过第二块偏振片时那一片区域就显示红色；有些地方旋转蓝光厉害一些，那么，在光通过第二块偏振片时那一片区域就显示蓝色。这就是一个透明的塑料快餐叉可以呈现出五彩斑斓效果的原因了。

不仅塑料有旋光效应，我们常见的白糖溶解在水中以后也有类似的旋光效应产生，但是旋转的"力度"比塑料要小很多。由于糖水旋光中的旋转角度与糖水浓度有关，食品工业上还用这个现象来检测浓度。

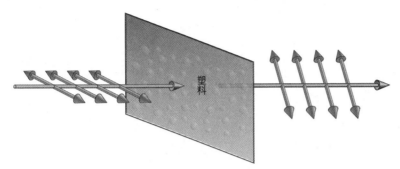

图1.14　偏振光通过塑料后，偏振方向发生变化

细心的读者可能还会从第二个实验中发现折射和反射也能产生偏振方向的光的旋转，如图1.12所示。读者可以试试看，把一块玻璃放在两块偏振片之间，观察一下会发生什么。

生活中的应用

通过本章的各种实验，相信读者对光的偏振性有了更生动的体会。读者可能会问，偏振光有什么用处吗？用处可多了，就在你身边意想不到的地方。不信？拿出你的偏振片太阳镜，对着液晶显示屏，晃动你的脑袋——哈！它是偏振的！到3D影院，拿出你的太阳镜，叠加在3D眼镜上——哈！它也是偏振的！只要留心，你还能发现更多偏振光应用的案例。

揭秘神奇的光⋯激光

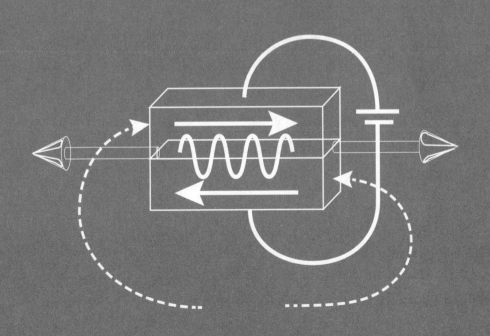

> 本章我将为读者介绍激光的基本原理。通过拆开一台氦氖激光器和一支激光笔，我们能够生动地看到神奇的激光是怎样产生的。我们将介绍激光光源的特性，为以后其他的相关制作进行铺垫，还将谈及激光器的一些最新发展，以及在大自然中意想不到的地方存在的有趣的激光源。

闲话基本原理（本章基本原理比较长，请耐心细读）

1968年1月20日，美国国家航空航天局发射的最后一艘无人探月太空船测量员7号将携带的电视摄像机指向了地球。此时美洲处于黑夜中，整个地球就像一弯月牙，挂在漆黑的宇宙中。然而在太空船的摄像机里，黑漆漆的美洲大陆上却出现了两个亮点（见图2.1），这是UFO吗？还是消耗着百万千瓦的城市灯火？都不是。这两个点所代表的位置，一个是来自美国亚利桑那州的Kitt Peak国家天文台，另一个是来自美国加利福尼亚州的天文台。这两个点是由两个几年前发明的激光器所产生的激光光源，功率只有2W。从 3×10^5 km之外的月球上看，灯火通明的城市已经黯淡无光，然而一只有2W强度的激光光源却依然清晰，这就是神奇的激光。

图2.1　测量员7号无人探月太空船拍摄的地球照片
注意左侧的两个亮点，那里是美国的西南部。经过长距离传播及地球大气的扰动，
激光看起来变成了两个很大的光斑（照片由美国NASA Jet Propulsion Laboratory提供）

激光的英文名称叫作Laser，原来是Light Amplification By Stimulated Emission of Radiation的缩写，即通过受激辐射产生的光放大，而如今Laser已经作为一个独立的单词被广泛应用。在20世纪80年代之前，激光或许还是科研人员和"骨灰级"发烧友才能玩得起的东西，而从20世纪90年代开始，大量廉价的红色半导体激光器出现在市场上，激光开始进入寻常百姓家。在本书中，

我们将利用这种廉价的激光器来进行几个有趣的实验和制作，在这一章里，我们首先来了解一下激光的故事。

我们对激光最直接的感受是它的颜色非常纯，光线非常集中。夜幕下，一支小小的激光笔发出的光在照射到几百米外的建筑物上时依然是一个明亮的小点。这两点正好体现了激光与普通手电筒之类的光源间的区别。颜色单纯表明激光所含频率单一，光线集中表明激光的方向性很好。在月球上还能看到地球上的激光，就是激光的方向性好的极佳体现。虽然只有2W的功率，但是这2W的光线非常"团结一致，携手并进"。直到$3×10^5$km之外，它们仍然"不离不弃"，这样从月球上看起来激光就非常明亮了。激光为什么会有这样的特点呢？这得从激光的构造说起。

一台典型的激光器的构造可以用图2.2表示。

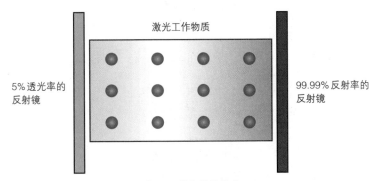

图2.2 激光器的构造

激光器与一般光源最明显的区别就是它有两面反射镜，如图2.2所示，左边是一块略微透光的反射镜，右边是一块几乎不透光的反射镜（俗话说，世上没有不透光的镜子，所以这面镜子也只是"几乎不透光"）。激光从左边那个略微透光的反射镜中射出，而在两面反射镜之间是产生激光的发光物质（激光工作物质）。在这里，要先向非物理专业的读者致歉，因为我必须要聊一聊物质发光的量子理论，这对于大家理解激光，以及理解更多自然现象都是非常有帮助的。

在20世纪初期，人们从观察物质发光的光谱中，总结出了一套描述微观粒子运动的理论，称作量子理论。这个理论认为，光是像颗粒一样，一粒一粒（称作"光子"）以波动的形式传播的。这句话听起来很拗口，但是光就是这么一个"拗脾气"，这就是所谓的"波粒二相性"。大家暂时不理解也不要紧，因为据大师费曼断言，世界上没有人懂得微观粒子为什么会这样[1]。我们还可以很安全地认为光是电磁波，一个光子就是一束微弱的电磁波。而平时我们看到的光，则是由很多个光子组成的较强的电磁波。量子理论还认为，电子在原子内部有一些分立的"能级"，也就是说在原子内部，电子的排列不是随心所欲的，而是有森严的等级制度的，越高级别的电子拥有

---

[1] 参见费曼的著作《QED：光和物质的奇异性》。

越大的能量。当一个身处高能级的电子跳跃到低能级时，根据能量守恒定律，就会有一些能量释放出来，化身为一个"光子"，这个发光的过程见图2.3，物理学家称之为"自发辐射"。

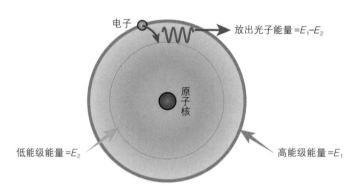

图2.3　发光的过程

很容易理解，当一个电子处于低能级时，则也可以吸收一个能量为E_1-E_2的光子，跳到高能级去，吸收光的过程如图2.4所示，这个过程叫作"激发"。当然，如果这个电子在高能级"待腻"了，也可以跳回低能级，释放出一个能量为E_1-E_2的光子。

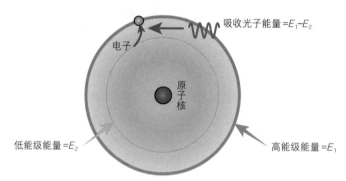

图2.4　吸收光的过程

故事还没有结束，爱因斯坦先生认识到，发光的过程应该还有一种情况，那就是当一个处于高能级的电子恰好碰到一个能量为E_1-E_2的光子时，它会"随大溜儿"地跳到低能级，并且发射出一个和外来光子一模一样的光子。所谓一模一样，并不单单指能量一样，因为光子是一束微弱的电磁波，既然是波动，就还有频率、相位及前一章提到的偏振态。在量子理论中，光子的能量＝常量[1]×频率，能量一样的光子，频率自然就一样了，这没有什么稀奇的。但是相位和偏振态也一样就不简单了。这说明电子发出的电磁波（发射光子）与刺激电磁波（入射光子）的电磁场振动

---

[1] 这个常量叫作普朗克常量，用h表示，$h=6.63×10^{-34}$ J·s。频率的单位是s^{-1}，所以h乘以频率等于能量。一个红光光子的频率大约是$4.7×10^{14}$ s^{-1}，所以其能量约为$3.1×10^{-19}$ J，的确是很微弱的一束光啊！

完全同步，而且振动方向也一样，物理学家称这种发光过程为"受激辐射"，如图2.5所示。

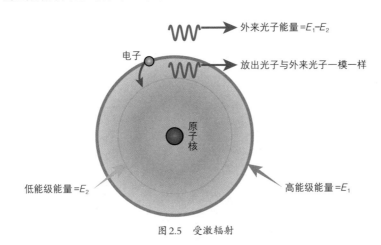

图 2.5   受激辐射

设想一下，我们有很多个原子，它们的电子都处在一个高能级 E_1，这时，某一个电子待不住了跳回低能级，产生一个 $E_1 - E_2$ 的光子。这个光子在它的传播过程中，到任意地方都能诱发当地的处于激发态的电子向低能级跃迁辐射光子，这样一个光子变成完全相同的两个光子，两个光子变成4个光子，4个光子变成8个光子……很快，我们就有了一支浩浩荡荡的光子队伍，它们都一模一样，具有相同的频率、偏振态和相位，这不正是Light Amplification By Stimulated Emission of Radiation（通过受激辐射产生的光放大）吗？激光的产生近在咫尺！

至此，我们掌握了产生激光的必要"工具"——"受激辐射"。但奇怪的是，爱因斯坦先生在20世纪初就提出了这个概念，为什么要等到20世纪60年代激光才被发明出来呢？这是因为一个常识在作怪。这个常识说，在正常情况下，物质中的电子总喜欢待在低能级。这是无可非议的，正如水往低处流，世界上万事万物自然而然地都倾向于保持能量低的状态。所以，如果有很多个原子，只有一小部分原子的电子处于高能级。这时，如果某一个处于高能级的电子待不住了跳回低能级，产生一个光子，这个光子在传播的过程中，很有可能碰到另一个处在低能级的电子，从而吸收它（见图2.4），这样我们就不能得到更多的光子了。正因如此，受激辐射长时间内被看作没有什么用。

这种状况一直到1951年4月26日早上终于发生了改变，年轻的美国物理学家查尔斯·H.汤斯先生，在清晨宁静清新的空气中，忽然有了一个利用受激辐射的奇妙想法[1]。如果我们能够不断地提供很多处于高能级的原子，这样就能够从源头上保证获得越来越多的光子（术语为粒子数反转，即处于高能级的原子数目比处于低能级的原子数目要多）。为了确保一个光子能够遇到更多的高能级原子产生受激辐射，他设想把这些高能级的原子放在两面反射镜之间（见图2.2），这样

---

[1] 参见查尔斯·H.汤斯所著的《激光如何偶然发现》。

一个光子就能来回在处于高能级的原子间穿梭，在产生很多个相同光子以后，再从稍微透光的那一面反射镜发射出去（我描述的细节有很大的简化，读者可以参考《激光如何偶然发现》，以获得第一手准确资料）。后来的实验证明，汤斯先生的这两个伟大的构想是缺一不可的。仅仅有很多处于高能级的原子还不足以产生激光，必须加上两面反射镜才能够使得一个光子诱发足够次数的受激辐射，使光子得到充分的利用。

受激辐射和这两面反射镜的加入，直接决定了如今我们所熟悉的激光的特性。如前面所述，受激辐射产生了大量一模一样的光子，这样激光就具有了非常好的单色性（只含有一种频率）。而两面反射镜则导致激光具有极佳的方向性，这是为什么呢？让我们来看图2.6。

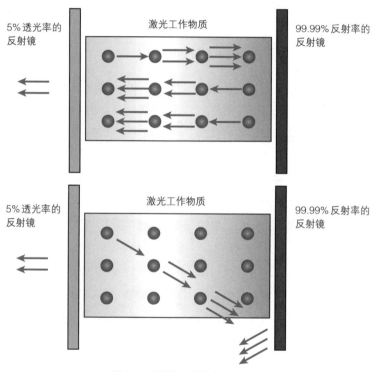

图 2.6　反射镜决定激光的方向性

在图2.6（上）中，我们首先假设最左上角的那个原子的电子从高能级跳回了低能级，放出一个水平向右运动的光子，这个光子诱发受激辐射，"人气"一路飙升，产生很多光子。直到它们碰到右边的反射镜，它们的传播方向变成了水平向左，然后又继续诱发受激辐射（注意我们通过某种手段使得激光工作物质中的原子一直处于高能级的状态，即使它放出了一个光子，我们也能很快通过别的方式把它激发到高能级）。这一路"浩浩荡荡"的光子在遇到左边的反射镜时，一小部分光子透射出去，其余大部分还留在激光工作物质内继续增殖。这透出去的一部分光子就成了我们熟悉的激光，注意到了吗？它们都是朝向同一个方向运动的，丝毫没有扩散的意思。

读者会说，这是由于最初那个"种子"光子恰好是沿水平方向运动的，如果它稍微偏一点会怎么样呢？如图2.6（下）所示，这个光子同样也会诱发受激辐射，得到放大（光子数目的增多也被称为"放大"），但是很遗憾的是，因为走的是"歪门邪道"，它们很快就离开了激光工作物质，而不能像沿水平方向运动的光子那样被来回反射很多次，以得到反复放大。所以，两面反射镜的存在导致了激光具有极佳方向性。当然，汤斯先生在设计这样一个装置之时，他的出发点只是希望得到足够多次的放大，从而产生比较强的受激辐射。无心插柳柳成荫，这两面反射镜不仅增强了受激辐射，同时也起到了塑造激光纤细身型的作用。

至此，千呼万唤始出来的激光终于开始在人类的思考中慢慢变得清晰了。汤斯先生有了这个绝佳的点子以后，进行了很多仔细的计算，确信自己的构想是能够实现的。于是他和他的研究生开始了把想法付诸实践的漫漫长路。他们当时的目标是要制造一个产生"微波激光"的装置，即所产生的激光是微波波段，而非可见光波段（准确地说，这个装置叫作Maser而不是Laser。其中M代表着Microwave，即微波）。要创造一个全新的东西，不管后来看起来多么简单，创造的过程都是充满坎坷的。很长一段时间，汤斯先生的研究都没有进展，当时他所在的哥伦比亚大学物理系的两位诺贝尔物理学奖得主拉比教授和库施教授看在眼里急在心里，他们找到了汤斯先生，进行了一次谈话（参见《激光如何偶然发现》）。两位教授语重心长地说："小汤啊，我们觉得你的想法是行不通的！你这是在浪费金钱和时间！"汤斯先生不信这个邪，他婉言拒绝了两位大物理学家的忠告，打算一条道走到黑。他对于自己的计算非常有信心，认为既然理论上完全行得通，那么就应该可以实现。

后来的结局大家都可以猜到，经过两年多的不断尝试（其中的千辛万苦与一次次的失望只有当事者才能体会），汤斯先生和他的学生成功地实现了第一台微波受激辐射放大装置Maser，因此获得了诺贝尔物理学奖。后来他又再接再厉，与他的姐夫阿瑟·肖洛先生（后来也获得了1981年的诺贝尔物理学奖）一起提出了可见光波段的受激辐射放大装置的原理，即真正意义上的Laser。1960年5月，美国物理学家西奥多·梅曼向世界宣布，他制造了第一台红宝石激光器，产生了红色的可见激光。一年之后，中国物理学家也制成了我国第一台红宝石激光器。两年之后，激光二极管问世。从此激光的研究与应用在世界各地开花结果。几十年来，在基础科学领域，与激光有关的诺贝尔物理学奖已经不下10次（有意思的是梅曼先生并未获得过诺贝尔物理学奖）。而在生活中，从计算机里的DVD光驱到超市里的条形码扫描器，激光的踪迹无处不见。激光还是科幻小说中的常客，中国第一部科幻小说《珊瑚岛上的死光》就是以激光为主要线索的。而"死光"这一激光的别名可能还得追溯到刚刚发现激光的时候，八卦记者们追问科学家这束神奇而强大的光能不能用于击落敌人的飞机，并因此赋予了它"Death Ray（死光）"的光荣称号。但是现在在医疗上用激光来救死扶伤远远多于激光在军事上的应用，应该说激光是"悬壶济世的神光"更为恰当。

聊了这么多有关激光的故事，作为业余科学家的读者一定很想要动一动手了，这正是我们接下来要做的事情。

动手实践

想要更加深入地体会前面关于激光的理论，最好的办法莫过于拆开两个激光器看个究竟。我们首先来拆一个大个子的激光器。

第❶个实验　邂逅氦氖激光器

所需材料

氦氖激光器（及其高压电源）

氦氖激光器是一种产生红光的气体激光器，它的出现使得激光开始进入人们的日常生活。早期的激光打印机、条形码扫描器等用的都是这种比较笨重的激光器。现在网上还能买到很多二手的氦氖激光器，多数是从当年的一些旧设备上拆卸下来的。有100元闲钱的读者朋友，不妨买一个，作为收藏也是很有意思的，更重要的是，它能够清楚地展示激光器的内部结构。

我很幸运地从一堆废旧仪器中捡到了一支1977年生产的氦氖激光器（见图2.7）及它的电源。

氦氖激光器其实是我们常见的霓虹灯的"本家亲戚"，霓虹灯就是从英文"Neon（氖气）"音译而来的。当我们把低压氖气充入一根真空管内，在管子的两端加上高电压使得大量氖原子被激发到高能级状态，然后主要通过前面提到的自发辐射向四面八方发出艳丽的红光。而氦氖激光器可以看作在一个霓虹灯的两端加了两面反射镜（见图2.8），这样自发辐射产生的光子可以在灯管里来回反射，不断

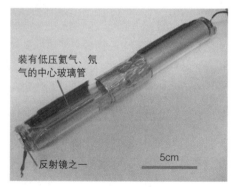

装有低压氦气、氖气的中心玻璃管

反射镜之一

5cm

图2.7　氦氖激光器

产生受激辐射诱发大量的、一模一样的、沿着灯管传播的光子，这样就形成了激光。

图2.8　左边是几乎完全不透光的反射镜；右边是略微透光的反射镜

如果有读者决定买一台这样的激光器，最好再买一个激光电源，在淘宝上它的价格和激光器差不多。这个电源要能产生7000～9000V的直流电压（高压危险，请在专业人士的指导下使用）才能使气体放电从而使激光器发光。

我小心翼翼地把电源输出端接到激光器的两头，然后把电源打开（在电源接通时千万不能用手触碰电极），一个非常明亮的红色激光灯管呈现在我眼前（见图2.9）。如果仔细观察，可以发现中心玻璃管里有一道细长的光路。可想而知，这条光路上的原子不断地被加在激光器两端的7000V电压激发到高能级，然后又不断地被已经存在于激光器里的光子诱发产生受激辐射，从而形成激光。

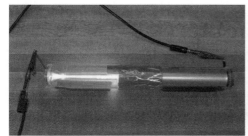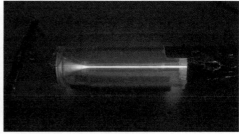

图2.9　点亮氦氖激光器

在略微透光的反射镜一侧，我们可以看到一个很明亮的激光亮斑，而在几乎完全不透光的反射镜一侧，我们只能看到一个比较暗淡的激光亮斑（见图2.10）。从图2.9和图2.10中，读者也可以注意到一个有趣的现象，那就是我们能看见激光器内发出耀眼的光，而看不到激光从激光器内射出以后在空气中的轨迹，直到它被其他物体反射，我们才能看到一个明亮的激光光斑，这正是图2.6的生动体现。在激光器内，那些不沿着水平方向传播的光子经过少数几次放大后就离开了激光工作物质，向侧面发射出来成为我们能看到的耀眼的光。而真正的激光则因为只沿着水平方向传播，其中的光子不会进入一旁的观察者的眼中，所以我们感觉不到它在空气中的存在，尽管它的亮度非常高。直到它被一个粗糙的表面向四面八方反射，我们才能看到它。

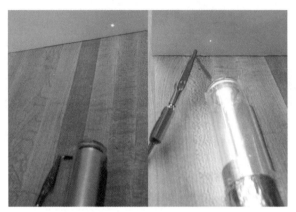

图2.10　激光从两面反射镜中射出

在这里，我要提醒读者有关激光安全性的问题。千万不要让激光直接射入眼中。即使是一台5mW的激光器（如很多激光笔都是产生5mW的激光，我使用的这一台氦氖激光器为4mW），激光直射入眼睛中达一定时间后，也可能导致永久失明。而其他更大功率的激光器发射的激光，有的只要射入眼中0.1s或更短的时间即可致盲。有关激光安全性的具体信息，请读者上网查询了解。

读者可能会觉得氦氖激光器的价格有点贵，而且要与7000V的电源打交道也不是省心的事。不用担心，接下来我们来看另外一种物美价廉的激光器——红色激光笔。

第❷个实验　"解剖"红色激光笔

所需材料

廉价的5mW红色激光笔

一般做实验都是使用越贵的仪器越好，但是这个实验则是使用越便宜的仪器（激光笔）越好，如所需材料里的那种其貌不扬的红色激光笔。注意，它的整个笔杆是连成一个整体的，电池从左边塞入，激光从右边射出。有贵一些的激光笔是从中间拧开装入电池的，一般不适合本实验。如果读者能像我一样碰到一支做工极为粗糙的激光笔，那可真是幸运！因为这样就可以一探激光二极管的核心部件了[1]。

---

[1] 注意，大部分这种廉价的激光笔都是可以工作的，但是很有可能当你第一次把电池塞进去时，它似乎不发光，而且笔杆变得很热。我就碰到过几次这样的情况。读者不用担心，这只是因为短路，电池的正负极被笔筒（一般是铜质的）直接连在了一起。读者只需仔细查看，找出笔内短路的那一点，很快就能让激光笔"重获新生"了。

一般这种激光笔的发光元件——激光二极管——位于银白色的笔头上。它的生产过程大概是先把激光二极管及开关电路装到银白色的笔头上，然后涂上胶水，插入笔管中固定。所以要得到激光笔中的激光二极管，需要用钳子将笔头拔出来。如果一切顺利，我们将看到图2.11所示的激光笔的内部部件。

此激光笔简陋，我们可以把激光二极管的核心，即真正参与发光的半导体器件分离出来，见图2.12（我已经焊接了两根导线在上面以便加电压）。

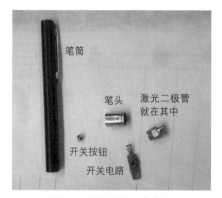

图2.11　激光笔的内部部件

图2.12　激光二极管的核心（发光半导体）

实际上，我们在图2.12中看到的并非全是发光半导体，大部分都只是方便焊接电极的铜片。最终发射激光的部分，是在中间的凸起（图2.12中的红色虚线圆圈内）上的很小一块晶体。眼神不如我的人还不容易看清，我们可以借由显微镜来看个仔细，如图2.13所示。

进一步放大，可以看清发光晶体的细微结构（见图2.14）。

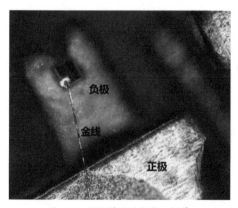

图2.13　显微镜下的激光二极管

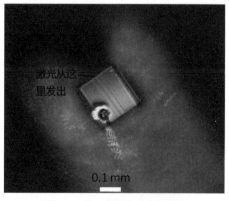

图2.14　进一步放大的发光晶体

从图2.14中可以看出，发光晶体的面积实际上只有0.01mm²左右。我们不得不由衷地感叹纳米技术的进步，使得我们可以在一根针尖大小的物体上制造出如此复杂的结构来。了解了发光晶体的外观以后，我们就可以给它加电压，使它产生激光了。注意，由于我们不清楚多大的电压会损伤发光晶体（从激光笔使用两节1.5V的电池来估计，它的工作电压大概在3V），所以我用了一个可调直流稳压电源给它供电，这样我们可以一点点地给它加电压直到它发光为止。这样的电源在以后的实验和制作中还会用到，是非常值得为之投资的得力助手（在网上不足100元就能买到不错的电源）。另外，我们也不清楚正负极的接法（图2.13中的正负极标注是经过尝试以后才明确的）。所以如果在一个方向上将电压加到了2V发光晶体还没有发光，那便证明正负极接反了。这些细节弄清楚以后，慢慢地调高电压，我们就能看到发光晶体发出耀眼的红色激光了（见图2.15）。

图2.15　发光晶体产生激光

看到这里，读者一定在想我是不是搞错了，图2.15展示的真的是激光吗？为什么光斑是这么大一片？另外，在本章的"闲话基本原理"一节中我们强调了两面反射镜的作用的重要性，而在这块小小的发光晶体上，我们根本看不到这两面镜子啊！

这一切疑惑都可以从激光二极管的构造中得到解答。激光二极管和一般的LED是"本家亲戚"，都是属于发光二极管大家庭的，而这个大家庭又是二极管这个大家族里最光彩照人的。所有二极管的基本构造都是把两种半导体（如混合了不同杂质的硅晶体）连接在一起（见图2.16），一种称为P型半导体，另一种称为N型半导体。就像电子在气体原子中有分立的能级一样，当原子组成半导体时，其中的电子也有高能级和低能级之分。当P型半导体和N型半导体结合在一起时，它们的能级在交汇处（称为PN结区域）会发生弯曲。正是这个小小的弯曲决定了二极管只向一个方向导通，而另一个方向截止的性质（当我们在P型半导体上加正电压、在N型半导体上加负电压时，二极管电阻很小；如果反过来加电压，二极管电阻非常大。前者被称为正向偏压，后者被称为反向偏压）。

正向偏压时，电子的流动过程如图2.17所示。注意，在PN结区域，电子从高能级跳到了低能级。根据我们在本章的"闲话基本原理"里的讨论，电子从高能级跳到低能级是要释放能量的，对原子来说，这部分能量只能通过光子的形式释放。但是，当原子形成晶体以后，释放能量的方式就变得多样化了，一般的二极管并不会发光，就是因为它们把这部分能量变成了热能。我们的计算机之所以会发热得厉害，就是因为里面有亿万个PN结正在热火朝天地工作着。但并不是所有的二极管都会发热，某些半导体材料就更加倾向于发光（如砷化镓）。用这些材料制造的二极管就是我们熟悉的LED。

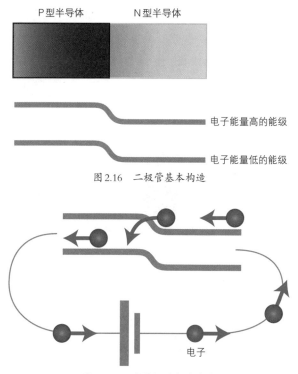

图2.16 二极管基本构造

图2.17 正向偏压时电子流动

　　既然二极管可以发光，那么我们应该可以让它发出激光，在第一台激光器发明之后，科学家立刻开始研究如何让二极管产生激光。根据前面的描述，要产生激光还得有两面反射镜，使得光子在PN结中来回反射，诱发受激辐射。但是上哪儿找可以安装到一个大小不到0.01mm²的PN结两端的小镜子呢？聪明的研究人员想出了一个就地取材、不费一兵一卒的好法子，他们发现半导体晶体的表面在经过精确地切割和打磨以后，就像镜子一样具有极高的反射率。这样，一个二极管的两端就可以制作成两面天然的"镜子"了（见图2.18）。从PN结中发出的垂直于这两个端面传输的光子会被来回反射，在PN结中激发更多的电子从高能级跳到低能级，并发出越来越多一模一样的光子，形成激光。一般来说，这两面"镜子"的折射率相差不多，所以相同强度的激光可以从两个方向射出，我们通常看到的只是其中的一支激光。

　　同样，激光二极管的构造也能解释为什么它发出的激光不是我们常见的纤细的一束光线，而是扩散得很大的一个光斑。我们在高中物理课上曾学过光的衍射，知道光波有个"怪脾气"（实际上所有的波动都有这个"怪脾气"），那就是当我们让一束光通过一个小孔时，孔径越小，光就散得越开。似乎是"压迫得越厉害，反抗得就越强烈"。我们可以看到，一个激光二极管的尺寸小于0.1mm²，而其中真正产生激光的区域还要小得多（见图2.19）。当激光从这个小区域中射出时，根据光的衍射，自然就会产生很大的光斑。而在开始提到的氦氖激光器中，激光产生区域的尺寸与装有低压氦氖混合气体的中心玻璃管直径相当（约为0.5cm），激光感受不到什么约束，所以产生的就是一束完美的细光线了。从图2.19中我们还可以看到，二极管产生的激光在垂直于PN结的方向上受到更多约束，使得那个方向的光斑扩散得更为严重。这也正是我们在图2.15中看到的现象。

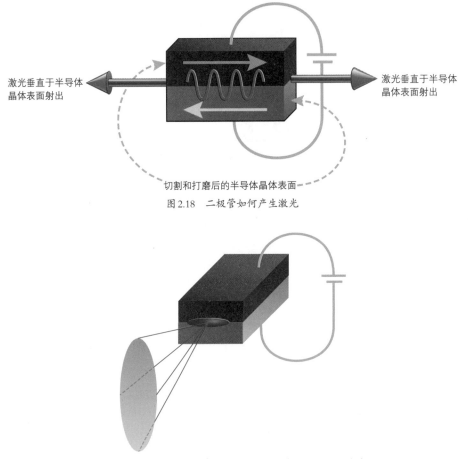

激光垂直于半导体
晶体表面射出

激光垂直于半导体
晶体表面射出

切割和打磨后的半导体晶体表面

图2.18　二极管如何产生激光

图2.19　为什么激光二极管产生的激光是扩散得很大的一个光斑

看到这里，读者可能有些不解——为什么我们平时买到的激光笔发出的光线都是细细的一束，即使激光照射到几百米以外的建筑物上光斑的尺寸也没有变得很大呢？这是因为在激光刚刚从二极管里射出还没来得及扩散得很大时，就遇到了一面焦距非常短（几毫米）的凸透镜，这面凸透镜把原本发散的激光变成了平行光。如果留意，在拆开激光笔的时候，还能看到这块位于二极管前的凸透镜。有的读者说，如果我没有这么好的运气，买不到一支这么劣质的激光笔，那我还能如此近距离地观察激光二极管的内部构造吗？这倒不用担心，网上有一种便宜的"可调焦激光二极管"（注意选5mW的那种），它的凸透镜安装在一个铜套上，可以通过旋转调节凸透镜与发光晶体间的距离，也可以将凸透镜完全取下。我们可以利用这样的激光二极管来亲身体验图2.19所描述的现象。在后面有关全息照相的实验中，我们还要用到可调焦激光二极管，所以先在这里跟它混个脸熟，以后用起来就不会陌生了。

在本章的"闲话基本原理"那一节里，我们还提到了受激辐射产生的光子都具有相同的偏振态。有了前一章的知识和材料的准备，我们可以很容易地验证这一点（见图2.20）。而一般非受激辐射光源（如日光灯）就不会具有偏振性。

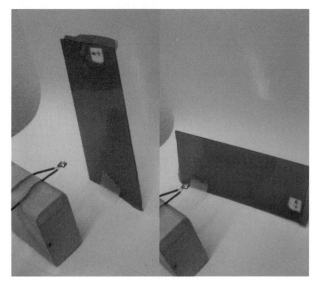

图 2.20　检验激光二极管的偏振性

探索与发现

鲁迅先生说："第一次吃螃蟹的人是很可佩服的，不是勇士谁敢去吃它呢？"世界上的事情往往如此，要从荆棘丛中开辟出正确的道路，先驱者们总是步履维艰，但是一旦探明了这条路，后来人就轻车熟路了。激光也是这样，在汤斯先生、梅曼先生等一大批科学家和工程师的努力下，激光的理论和实践体系都已经非常成熟，后来人们就可以不太费力地创造出一些奇特的激光源。前文提到的激光的先驱之一——物理学家阿瑟·肖洛就制造出了一种可以吃的激光源，他在一种果冻中掺入荧光材料，并把果冻放在两面镜子之间，通过外加光源诱发荧光材料发光，并通过镜子的反射形成激光。想象一下在我们面前有一个正在发光的激光器，而且我们还能时不时地从发光物质里舀出一勺来放到嘴里嚼一嚼，这也许是一个优秀物理学家的童真所在吧！

除了这种可以吃的激光源，另外一些奇特的激光源则对科学研究有着重要意义。2011年，几位生物医学领域的研究人员使得一些人体肾脏的细胞发出了绿色的激光，他们往细胞里注入一些荧光蛋白质，把细胞放在极小的两面镜子之间，然后激发荧光染色体产生激光。这些细胞一直存活，表明这个激光发射过程并没有对它们造成损害。利用这种技术可以使得荧光蛋白质附着的细胞结构变得非常明显，所以对于生物显微成像、观察细胞内部结构而言十分重要，应用前景广阔。

到目前为止，我们提到的激光源都是人创造出来的，然而宇宙中的激光源实际上早就存在，只等慧眼来识别，而最早具有这双慧眼的还是汤斯先生及他的同事们（汤斯先生后来转向研究星系中气体团的物质成分）。一般来说，天文学家都是通过观察光谱中的吸收谱线来判断光线所经过区域的物质成分的，但是汤斯先生在一次观测中，发现本来应该被吸收的某一种频率的光反而得到了很大程度的加强。凭着他对Maser和Laser的深入理解，汤斯先生很快就意识到，这一定是一种激光发射的过程。但是，难道有人不知从哪儿买了两面硕大的镜子，相隔几万光年摆好了，然后再把一些发光的气体团放在中间了？这个可能性比较低。汤斯先生的理论是，这些气体中的分子被宇宙射线激发到了高能级状态，而且由于气体团的尺寸巨大，根本无须反射，一个光子也要在发光气体中走过漫长的（以光年为单位计）的路程，诱发了很多次受激辐射，从而产生很强的激光。由于没有反射镜，这种激光向四面八方均匀地发射着（这种所谓的3D激光是激光领域中的一个前沿研究，更多详情请搜索"Beyond The Beam: A History of Multidimensional Lasers"）。感谢并没有人真的弄两面镜子架设在宇宙中，并使这些激光朝向地球发射，否则那一定会是一场灾难。

激光还有许多有趣的性质，比如它具有极佳的相干性，这些我们都留在后面的实验与制作中去慢慢探索和品味吧。

第 **3** 章

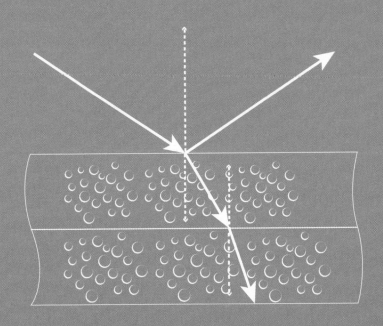

一分钟简介

　　本章我们通过把糖溶解在水中制造出一种'神奇'的溶液，当一束激光通过它时，激光不再沿直线传播，而是划出一道美丽的弧线。通过仔细研究这道弧线，我们可以推测出糖分子在水中不同高度的分布规律，并用热力学理论中著名的'玻尔兹曼分布'来进行实验数据的拟合。我们还能看到光的偏振在这里又有特别的'才艺展现'。

闲话基本原理

　　我上初中时，物理老师在讲到光沿直线传播的时候喜欢举例说："如果光不沿直线传播，那厕所里还能待人吗？"于是我们认识到了光沿直线传播的重要性。但是光总沿直线传播吗？很显然不是。光在空气和水的交界面会发生折射是我们熟悉的场景，但是我们也可以说光还是沿着直线传播的，只不过，当这条直线遇到空气和水的交界面时弯折了一下。在空气和水中光线还是分别沿直线传播的，如图3.1所示。

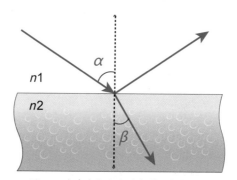

图3.1　光在空气和水的交界面发生弯折

有什么办法让光沿弧线传播呢？

　　让我们仔细研究一下图3.1所描述的现象。从高中物理课中我们知道，由于水的折射率比空气的折射率大（空气的折射率约为1，水的折射率约为1.3），光线进入水中时会向下弯折，而且有公式，如下所示。

$$\frac{\sin\alpha}{\sin\beta} = \frac{n2}{n1}$$

　　上述公式的推导可以在光学书上找到，但是令我印象深刻的还是高中老师打的一个比方，他说光的折射就像是拉一辆两轮车斜着从水泥地跑到沙坑里。先进入沙坑的轮子速度迅速降低，所

以两轮车的运动方向就会改变。这个过程和光的折射是非
常类似的。

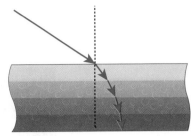

设想一下，如果我们在水的下面放置另外一种物质，
它的折射率比水更高，如玻璃（折射率为 1.5），则光线在
水和玻璃的交界面会发生另一次折射。如果我们有很多层
物质，每往下一层折射率就高一点，这样光线就会沿着一
条多边折线传播了，如图 3.2 所示。

图 3.2　光线沿着多边折线传播

更进一步，设想在图 3.2 中，每一层物质的厚度都变得很薄，那么，这条多边折线的每一段
都会变得很短，最终趋向于形成一条光滑的弧线。这就像微积分中"化曲为直"的思想，弧线可
以用无数条极短的线段来代表。

方法找到了，怎么实现呢？大自然替我们解决了这个问题。我们喝糖水的时候都会有这样体会，
越靠近杯底的糖水越浓，而在越浓的糖水里光线的传播速度越慢，这不难理解，浓稠的糖水黏糊糊
的，光子要从中挤出一条通道来必定不容易，所以速度就减慢了。而折射率 $n=c/v$，其中 c 是真空中
的光速，v 是糖水中的光速，光线传播速度越慢对应的折射率就越大。一杯糖水从上到下浓度慢慢
地递增，折射率也慢慢地递增，这就是大自然赐予我们的一个极佳的工具，来让光沿着弧线传播[1]。

这看起来很容易，不是吗？那就动起手来，让光线在我们的眼前弯曲吧！

动手实践

第❶个实验　让激光划出一道弧线

所需材料

一个装水的盒子（图中的盒子是用有机玻璃制作的，读者也可以使用长方形的
玻璃盒或塑料饭盒）

除了装水的盒子，还需要水、冰糖及激光笔（激光二极管）等普通材料。

就像冲糖水一样，我们把水倒入透明盒子里，让冰糖均匀地散在盒子底部，大致能盖满盒底

---

[1] 本实验最早描述出现于：W. M. Strouse. Bouncing Light Beam [J]. American Journal of Physics，1972，40(6)：913−914.

就可以了。无须搅拌，让糖分子静静地在水中游弋，过一两个小时，等到冰糖全部融化。此时，可以尝试着把激光平行于盒底射入水中，然后你就能看到图3.3所示的美丽景象了。

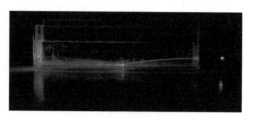

图3.3　光在糖水中沿弧线传播

激光从右边水平射入糖水中，慢慢地弯曲，当它遇到盒底时，被全反射。反射的光也划出一道弧线，最终从左边离开了糖水（注意想要拍摄出图3.3所示的照片，需要在黑暗的房间里，并使用手动曝光模式和手动对焦模式。关于照相机的一些有趣物理知识及如何有效地利用它，我们将在第15章中专门讲到）。

第❷个实验　让弧线消失

当这道美丽的弧线在眼前出现时，我非常高兴。但是在实验的过程中，我发现并不是每一次把装置安放好，把激光点亮就能看到一道清晰的弧线。有的时候会看不清弧线，甚至根本看不到激光在水中的传播路径（见图3.4）。这是为什么呢？这与什么因素有关呢？

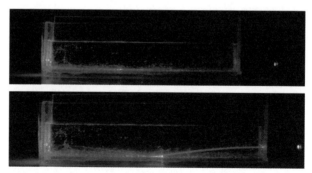

图3.4　有时激光在水中的传播路径根本看不见

这是一个很有意思的问题，需要用到前两章所述的一些知识来解答。当我突然意识到这个问题的答案时，感觉怡然自得，我相信各位读者通过思考，以及前面章节中的实验，也会破解这一自然谜题，体会到科学家顿悟时的快乐。如果读者悟出了答案，还可以推断出另一个结论，即从容器上方看激光在水中的传播路径和从侧面看有何不同，并能很轻易地验证。这样就几乎完成了一个科学研究的全过程——观察实验现象、提出可行理论、验证理论预言。

第❸个实验 糖分子在水中的分布

在这个实验里，我们要对弯曲的激光进行一些定量的测量，并用理论来拟合测量到的数据。

在高中和大学学习物理的时候，我总觉得只要掌握了用符号表达的公式就行了，而想要得到具体的数值，只要翻一翻书后的常数表，最后代入公式计算出结果即可。但是，当我真正从事科学研究工作后，才发现这个观点是非常错误的！真正的科研人员，他们对物理量的具体数值，尤其是它们的量级（如长度是1nm还是10nm等）是非常敏感的（这种敏感来自于天赋，同时也来自于日常留心与自我训练）。这样，当他们看到一个计算结果（或实验数据等）时，他们会首先进行量级上的检验，看看是否合理，这样就能及时地发现错误，使科研人员在荆棘密布的科研道路上迅速找到最正确的研究方法。在这种能力方面，登峰造极的科学巨匠当属恩利克·费米先生。第二次世界大战时，他是美国曼哈顿计划的主导科学家之一，这个绝密计划的目的是要赶在纳粹德国之前制造出原子能武器，扭转战争局面，而人类历史上第一次受控核反应就产生于费米先生和他的同事们的实验。但是制成一个原子能武器还有很多技术难题要突破。其中有一个重要的实验参数是各种核裂变元素的中子散射截面，这个参数决定了使用多少燃料能够产生核爆炸等。但是，当时的理论和实验积累都非常有限，而时间紧迫，不可能一个一个元素地进行测量和计算。这时，研究人员就会采用所谓的"最小费米反应量原理"（Least Fermi Action Principle，了解物理的朋友可能会发现名字中的幽默，因为正版的Least Action Principle，即最小作用量原理是主导物理学的一个基本原则，本章后面还会用此原理来进一步研究弯曲的光线）。这个"山寨版"的最小作用量原理是这样操作的：首先研究人员列出某个元素可能的中子散射截面数值，然后一个一个念给费米听，同时观察他的眼神，虽然费米先生自己也不知道确切的数值是多少，但是凭借他对物理量的高度敏感性，能够本能地分辨出数值可能正确的程度。就像在我们听到一个明显的谎言时，眼神里会透露出不信任一样，费米先生对于不同物理量的信任程度也会在他的眼神中反映出来。研究人员只要在给费米念完所有数值以后，挑选出一个费米先生最信任的量作为下一步实验的指导就行了。这样可以节约研究时间，而且常常得到的是正确的结果（关于这个故事的具体细节请参考由费米先生的学生、诺贝尔物理学奖得主埃米利奥·赛格雷为费米所写的传记《原子舞者：费米传》）。

闲话少说，书接上文，为你接演第3个实验——糖分子在水中的分布。

从图3.2中我们可以看出，液体的折射率随液体中高度的不同而不同，这决定了弧线弯曲的程度，反过来，我们也可以从一道弯曲的光线中测量出折射率的分布。更有意思的是，糖水的折射率与其浓度间的关系是已知的（这可以从网上找到），这样我们就可以得到糖水浓度随高度的变化而变化的情况，得到糖水浓度分布。看似无形无色的糖水，通过一道激光的照射，就"原形毕露"了（当然另外一种测量糖水浓度分布的"先进"手段是用一根吸管，在水中各个部分吸一小口，细细品尝即可。大自然的创造，如人类，远远比我们的高科技先进）。

那么具体怎么测量呢？我们已在前文中得到了光折射的公式：

$$\frac{\sin\alpha}{\sin\beta}=\frac{n2}{n1}$$

我们把它变化一下，写作：

$$\sin\alpha \times n1 = \sin\beta \times n2$$

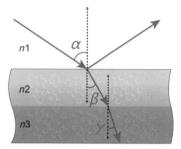

这是一个有趣的公式，可以想象，当光在折射率为$n2$的介质中继续前行，碰到折射率为$n3$的介质时，折射后的角度变为γ（见图3.5），我们又有：

$$\sin\beta \times n2 = \sin\gamma \times n3$$

综合起来，我们不难发现：

$$\sin\alpha \times n1 = \sin\beta \times n2 = \sin\gamma \times n3 = 常数$$

图 3.5　又一次折射

而对于一条光滑的弧线，我们可以在任意一点上测量当地的光线"入射角"［见图3.6（上）］，并通过公式$\sin\alpha \times n(H)=$常数（我们把这个常数叫作const），得到当地的折射率为$n(H)=$const$/\sin\alpha$。通过测量一系列的点［见图3.6（下）］，我们就可以得到一组折射率随高度变化的数据。有朋友可能会说，如果要确定$n(H)$，那么我们还要知道常数const，这个const究竟是多少呢？

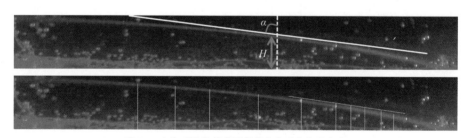

图 3.6　如何测量折射率随高度变化而变化的分布

仅从目前能测量到的数据，的确是无法确定这个常数的具体数值，所以我们得到的是不同高度的糖水的折射率的相对大小。作为数值估计，还可以近似地认为离盒底最远的地方，糖浓度最低，所以折射率接近纯水，约为1.336。把这个数值代入前面的计算公式中去，常数const的数值就能定下来了。通过测量，我们可以得到一组数据。

把这些数据输入常用的办公软件Microsoft Office Excel，并作图，即可得到图3.7所示的图表，图中菱形就是左表中的实验数据，可以很明显地看到，离盒底越远，糖水的折射率就越低。

从物理化学数据手册中，我们还能查到折射率与糖水浓度间的关系，如图3.8所示。

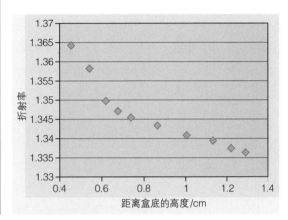

距离盒底的高度（cm）	折射率
0.458	1.364148
0.545	1.358217
0.622	1.349683
0.681	1.346999
0.74	1.345409
0.868	1.34312
1.007	1.340623
1.135	1.339304
1.222	1.337437
1.292	1.336272

图 3.7　实验所得数据

图3.8的曲线告诉我们，糖水的折射率与糖水浓度（每升溶液中有多少摩尔糖分子）有着非常良好的线性关系，所谓线性，指折射率和糖水浓度之间的关系可以用一条直线（一次多项式）来表达。这样，对某个折射率值稍作加减乘除，就可以直接对应于当地的糖水浓度，所以，我们也可以把图3.7右图中的纵轴看作糖水浓度。那么，糖分子在水中的分布到底是怎样的呢？是不是由下至上均匀地降低呢？图3.7的数据告诉我们，不是这样的。因为如果是均匀地降低，那么由于糖水浓度与折射率间的线性关系，折射率也应该均匀地减少。但是实际上，从盒底向上折射率刚开始减少得比较快，后来就慢下来了。很明显，糖分子随高度的分布不是线性的。

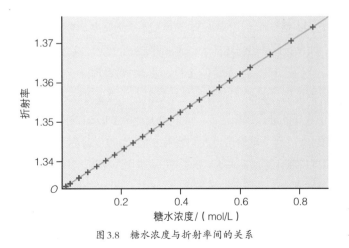

图 3.8　糖水浓度与折射率间的关系

这个现象可以用日常经验来理解，俗话说水往低处流，糖分子在水中也都是倾向于待在最低处，或者说是重力势能最小的地方。而对于这种分布规律的定量描述，要追溯到19世纪末，众多伟大物理学家的努力（包括玻尔兹曼、吉布斯、麦克斯韦等），奠定了物理学的一个重要分支——统计力学的基础（我个人觉得这门学科在大学物理里面是最难学的，杨振宁先生在这个领域中有过重要的贡献）。我们都知道牛顿力学，$F=ma$（牛顿第二定律），我们用它来描述少数几个物体之间的相互作用，实际上，仅限于能够精确求解两个物体之间相互作用时的运动状态，如太阳系如果只有地球和太阳，它们的运动轨迹是可以用牛顿力学精确预言的。但是如果把月亮加进来，牛顿力学就不能准确描述这3个天体的运动了，幸好月亮质量小，它的影响可以近似忽略不计。只有3个物体就已经让牛顿力学门派的学者们头疼了，而在一杯糖水中有亿万个糖分子，如果一个一个地用$F=ma$去描述，那要到何年何月才能算得清？于是，统计力学应运而生，专门描述大量粒子的运动规律。

那么统计力学针对糖分子在水中的分布是怎么说的呢？它说，单位体积溶液内糖分子的数量随高度的变化而变化（糖水浓度随高度的变化而变化）服从玻尔兹曼分布：

$$N(H) = N(0)e^{-mgH/kT}$$

其中，$N(H)$表示在高度为H的地方的糖分子浓度，$N(0)$表示在高度为0的地方的糖分子浓度，m是糖分子的质量，g是重力常数（9.8 m/s^2），k是玻尔兹曼常数（1.3806×10^{-23} J/K），T是温度（单位是K）。这个公式是什么意思呢？它的意思是，在重力的作用下，糖分子的浓度随着高度的上升呈指数级降低的态势，刚开始降低得比较快，后来降低的速度变慢了。指数的底是e=2.71828…，这个神奇的数字，默默地掌握着万物运动的规律。

公式还告诉我们，糖水浓度的分布还与温度变化有关，包含在指数之中。可以想象，当温度非常高时（T很大），mg/kT很小，这样，增大H只会导致糖水浓度非常缓慢地降低，如果T趋于无穷大，那么$mg/kT=0$，糖水就会变得均匀，浓度就不会随高度H的变化而有所变化了。这也可以根据常识来理解，如果我们加热一杯糖水，通常甜味就会更加均匀地扩散到整杯水中了。

有了理论指导，我们就可以用它来检验实验结果了，看看理论所预期的糖水浓度随高度的分布与实验结果是否一致，这个检验的过程就是数据拟合。这也可以通过Excel的Solver功能来实现，关于如何使用这项功能进行数据拟合，请读者上网搜索Excel的使用教程。这里，我只展示拟合后的结果（见图3.9）。因为理论告诉我们糖水浓度随高度上升而呈指数级降低，折射率与糖水浓度间是线性关系（即糖水浓度=A+B× 折射率，A、B均为常数，其数值由溶液具体性质决定），所以折射率也应该随着高度上升而呈指数级降低。的确，图3.9表明实验数据与指数级降低的理论曲线非常吻合。

有朋友说，劳神费力地测量和计算了这么大半天，就得到几个点落在一根曲线上，这有什么意义？也许是我的喜好比较特殊吧。当我有一个实验预期，通过动手测量，得到漂亮的拟合曲线时，喜悦之情难于言表。能够用一个简洁的数学公式来漂亮地描述和预言自然现象，这是科学的乐趣。但愿读者也能通过本书和我分享这份快乐。

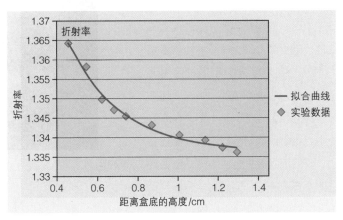

图 3.9　实验数据与拟合曲线

探索与发现

弯曲的光线是否在实验室之外存在呢？答案是肯定的。厚厚的大气，从海平面向上，逐渐稀薄，越稀薄的空气对应越小的折射率，这和我们的糖水盒子有着异曲同工之妙。从前面糖水盒子的实验可以总结出来，光线总是弯向折射率更大的地方。所以大气总是倾向于把其中的光线弯折向地面。正是由于这种现象，太阳即使落到了地平线下好一阵子了，它所发出的光还是能够通过大气的弯折被我们看到（见图 3.10）。

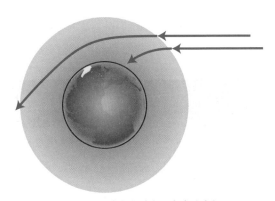

图 3.10　地球大气对太阳光线的弯折

除了经过弯折到达地面的光线，图 3.10 还画出了一条经过弯折最终还是射向太空的光线。试想这时如果有人站在地球的影子里，将看到地球上镶了一道金色的边，这正是地球大气折射的太阳光。300年前，伟大的俄罗斯科学家米哈伊尔·罗蒙诺索夫在观察金星凌日现象时，发现在金星完全进入太阳光球之前，也有这样一道金边。图3.11所示的是意大利天文摄影家洛伦佐·科莫利于2004年通过使用天文望远镜拍摄的金星凌日，它清晰地展示了这一壮美的自然奇观（画面右边的橙黄色部分是太阳，在高倍天文望远镜的视野中，我们只能看到很小的一部分）。通过这样一道金边，罗蒙诺索夫先生认为这是金星具有大气层的直接证明。多么美妙！通过科学分析，我们能了解到千万千米以外的物体是什么样的。

图3.11　天文望远镜拍摄的金星凌日。感谢意大利天文摄影家洛伦佐·科莫利提供照片版权

在本章开始时，我还提到了最小作用量原理（Least Action Principle），它在物理学的很多分支中都是最基本的原理，是其他理论的出发点，光传播的路径，也可以用它来描述（在描述光传播路径的时候，它更多地被称为费马原理）。通过这个原理可知，光从空间里的A点到B点，光程是最短的（或最长的），所谓光程，是指光线传播路程乘以折射率。如果像我们的糖水一样，各处折射率不同，就需要把路径分成很多小段，光程则等于每一小段路程的长度乘以当地的折射率，然后把它们全部加起来，或者说，求一个从A点到B点的积分，即：

$$光程 = \sum_{对所有的 l 求和} l \times n = \int_{A}^{B} n dl$$

光线所走的路程就是试图把光程最大化或者最小化，如图3.12所示，从A点到B点，光线是划过的一道弧线，而不是直的，就是因为弧线比直线的光程要小。我们可以想象，直线虽然距离最短，但是它有更多的部分经过糖水比较浓的区域，所以直线的光程比弧线的光程要长。弧线从A点出发，更快地进入了折射率低的区域，所以尽管绕了远路，光子还是选择了它，因为光程最短。

图3.12　最小作用量原理决定光线的路径

对于我们熟悉的透镜成像过程，用费马原理的观点来看也挺有意思，如图3.13所示，从A点发出的光通过透镜汇聚到了B点。显然，如果没有透镜，A点发出的光只有直接朝向B点才能到达。而有了透镜，光线可以有很多路径选择，所谓条条大路通罗马。那么按照费马原理，光线只选择光程最短（或最长）的路径，这里为什么会有多种选择呢？

你猜对了，那是因为所有的路径光程都是一样的！别看直线距离最短，但光线经过的玻璃最厚，所以为光程增添了很大的负担。而那些偏离直线的路径，经过的玻璃较薄，所以正负相抵，所有路径的光程都一样了。一面好的透镜，就是把自己的形状磨得恰到好处，使各个路径的光程一致，这样成像就会非常清晰。

既然是原理，就是不能被其他原理所证明的，是我们从对大自然的观察中总结出来的东西，或者替科学家们说句实话吧，原理其实就是我们搞不懂的东西。光子为什么会这么"聪明"地选择光程最短（或最长，如图3.13所示的透镜成像）的路径呢？而且它还没试着全走一遍，怎么"知道"自己走的光程是最短（或最长）的呢？难道第一个光子试了一下，然后就通知了后来的光子怎么走了吗？

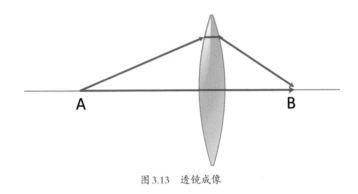

图3.13 透镜成像

这个问题要等到20世纪的科学巨匠费曼先生（"姓费"的先生可不少，费米、费曼、费马）来解释了，他表示光子当然尝试了，它们一直在尝试各种"稀奇古怪"的路径。只不过绝大部分"稀奇古怪"的路径所引起的效果相互抵消了，剩下的结果就是我们看到的，可以用费马原理来描述的路径（更多详情，请参考费曼所著《QED：光和物质的奇异性》）。

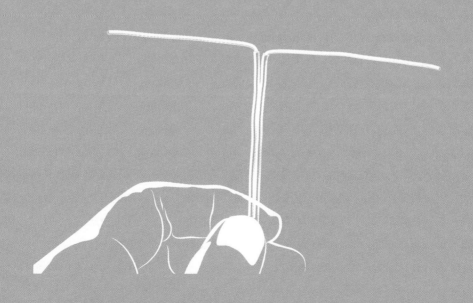

探测微波炉泄漏及
测量光速

第**4**章

一分钟简介

"本章通过自制简单的天线装置和检测电路，来检测微波炉的电磁波泄漏（如果身边没有微波炉，也可以用它来检测手机的电磁波泄漏）。我们还将通过制作不同的天线结构，来研究天线的基本性质，并通过简单的天线，把看不见、摸不着的电磁波在空间中的分布形象地描绘出来，还可以用它来测量光的速度！"

闲话基本原理

时值第二次世界大战，在这场目前人类历史上规模最大的战争中，参战的各方投入了巨大的人力、物力用来发展新型武器装备，雷达就是其中的一种。这种能发出并接收无线电波的巨大天线，使我们能提前发现几千米以外的敌机、敌舰，为备战赢得了时间。而雷达的分辨能力取决于它所使用的无线电波的波长，各国的科学家都试图制造无线电波波长更短的雷达。但是当采用波长为厘米量级的微波时，科学家们发现水蒸气对它的吸收非常强烈，所以需要制造功率很大的微波雷达才能够探测到远处的敌机，不然雷达发出的微波还没有碰到敌机就全部被空气中的水分吸收了。

20世纪40年代，一位负责雷达维护的工程师珀西·斯宾塞在工作时意外地发现，口袋里装的一块巧克力糖居然莫名其妙地融化了。懊恼之余，他忽然意识到，这应该是他所维护的雷达导致的，以前他就有过类似的体验，在靠近雷达发射装置时会感到浑身发热。于是这块融化的巧克力糖给了他灵感——我们有了一种新的加热食物的方式！因为绝大部分食物都含有大量的水分，而水对微波强烈的吸收导致其被加热，进而导致了食物的加热。某公司看到了这个发明的商机，立刻组织工程师开始对这种新型食物加热装置进行研发。很快，第一台重达300kg，售价相当于一个工程师一年工资的"雷达炉"诞生了，终于在人类的食物加热方式上发生了从原始社会以来的第一次重大变革。这个笨重的机器就是我们现在所熟悉的微波炉的前身。

微波炉通过产生高功率——功率通常在1000W以上的微波，易穿透食物，加热食物中的水分子，从而比传统加热方式加热更加均匀和高效。但是这也带来一个问题，如此高功率的电磁辐射（手机辐射功率只有1W的量级）会不会泄漏，对人体产生危害呢？对于谈"辐"色变的我们，这是一个值得研究的问题。通常认为，电磁波不能穿透金属，当电磁波遇到金属时，一小部分被吸收，一大部分被反射，所以微波炉的外壳所构成的腔，限制住了所有的电磁波。但是微波炉的门并不是一整块金属板，为了方便使用者看到微波炉里面食物的加热情况，它通常是在一块玻璃中镶嵌着一个金属网，网眼很小，直径大概都只有几毫米。根据电磁波的理论，当电磁波的波长远大于网眼直径时，它不能穿过这个金属网。但是，理论归理论，我们还是要通过亲自测试才能知道到底有没有泄漏电磁波，这样，我们就需要有一个装置能够从空中"抓住"无形无色的微波，具有这项"超人能力"的就是天线。

大家肯定都见过天线，从收音机上的那根可以伸缩的金属杆，到架在楼顶上的金属"锅"，形形色色、五花八门。不同的形状、不同的尺寸的天线分别用于不同的波段、不同的信号条件。但是它们都有一个共同的作用，那就是把空气中的电磁波转换成振荡电路里振荡的电流和电压信号。如果反过来，用天线来发射电磁波，那它们就是把振荡电路里振荡的电流和电压信号转换成向空中传播的电磁波。在天线大家庭里，结构最简单而且资历最老的一位

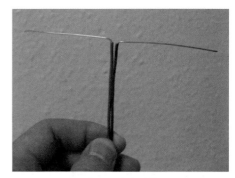

图 4.1　偶极天线

就是偶极天线，图4.1展示了它"老人家"的尊容，的确很简单吧！就是将两根细铜丝背靠背放在一起，中间留一个小缝隙就可以了。

有人说了，使用这么简单的两根线就行了吗？确实。我们得感谢伟大的德国物理学家赫兹先生他于1886年前后通过一系列实验，向世人展示了看不见、摸不着的电磁波可以通过这两根简单的线（偶极天线）发射出去，并且可以通过这两根简单的线在远处接收到电磁波。我在高中历史课上看到这段描述时，跃跃欲试，想要重复赫兹的实验，但是最终还是停留在临渊羡鱼的阶段。本章的制作也算是了却我的一桩夙愿吧[1]！

究竟是怎么通过这两根线将电磁波转换成电信号的呢？天线将电磁波转换成电压信号如图4.2所示，图中有一个外来电磁波，其偏振方向（即电场的振动方向）与天线平行，当这个电场指向右方时，天线（其实就是在图4.1中裸露的铜导线）中的电子被加速，被驱赶到左边。这样在天线左半段靠近中央缝隙处就会存在多余的正离子，带正电；而在天线右半段靠近中央缝隙处就会存在多余的电子，带负电。天线缝隙两边就有了一个左正右负的电压差，这个电压差通过两根竖直的导线传到后续的电路中进行处理。同理，当外来电磁波的电场方向经过半个周期，指向左边时，天线缝隙两边就会产生一个左负右正的电压差，它也是通过两根竖直的导线传到后续电路中进行处理。

容易得知，天线将电磁波转化成的电压信号是一个非常高频率的交流电压信号，如微波炉所使用的电磁波的频率是2.45GHz（即2.45×10^9Hz），导致这个电压信号每秒来回变换2.45×10^9次，要想直接实时地测量这个电压是非常困难的。所以如果我们拿一个电压表测量天线缝隙两边的电压，只能测到平均值0V。即使使用电压表的交流挡，也无法跟上这么快的变化速度，而只能测到一个为0V的平均值，所以得想个办法把高频交流电压转换成直流电压进行测量，这就是所

---

[1] 本章实验原始创意来源于文献 N. Sugimoto. Looking for radio wave with a simple radio wave detector [J]. The Physics Teacher, 2011, 49(8): 514.

谓的"整流"。我们可以通过图4.3所示的电路来实现这一点。在天线的缝隙中加上一个高频二极管1N4148。如果按照图4.3所示连接电路，则当天线缝隙的左边是正电荷，右边是负电荷时，二极管导通，即右边的电子能够跑到左边去，中和那里的正电荷，这样天线缝隙两端的电压就很小了；相反，如果天线缝隙的左边是负电荷，右边是正电荷，二极管截止，那么天线缝隙两端就会积累比较大的电压差。

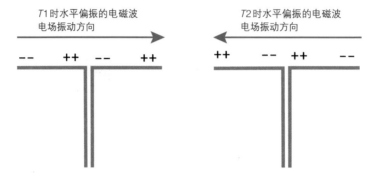

图 4.2　天线将电磁波转换成电压信号

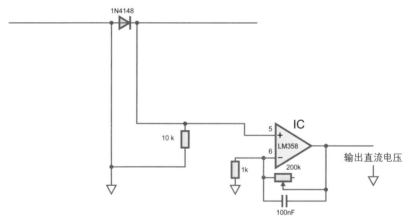

图 4.3　测量微波的电路

如果画一个天线缝隙两端电压随时间的变化而变化的示意图，我们会得到图4.4所示的示意图。

图4.4告诉我们，现在天线缝隙两端的电压平均值不是0V，而是一个正数，但是通常这个平均值都是很小的，毕竟释放到空中的电磁波都比较微弱。那么我们就需要对这个电压信号进行进一步放大，这就是图4.3中的围绕着LM358的那一部分电路所起到的作用。不熟悉电路的朋友也不要担心，这个电路很容易就能理解，而且在以后的章节里会经常用到，下面我们来简单地了解一下它。

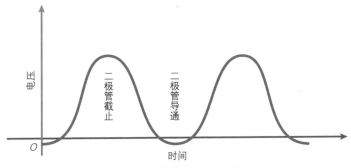

图 4.4　二极管对天线信号的作用

LM358 是一个常用的运算放大器（以下简称"运放"），它的本意是产生一个与正负极输入端电压差成正比的输出电压，即 V（输出电压）= 放大倍数 ×（正极输入端电压 − 负极输入端电压）。但是放大倍数通常是几千，甚至上万。而通常一个电路输出的电压最大不能超过给它供电的电源的正电压（这里使用 5V 电压供电，即 4 节充电电池），最小不会低于它供电电源的负电压（通常取 0）。这样只要正极输入端电压比负极输入端电压高一点（毫伏量级），输出电压就达到了极大值 5V（饱和状态）；同理，只要正极输入端电压比负极输入端电压稍微低一点，输出电压就达到了极小值 0V。看起来这个放大器的反应太强烈了，似乎没有什么作用。但是伟大的美国电子工程师哈罗德·斯蒂芬·布莱克先生（1898—1983）于 20 世纪 20 年代提出了划时代的"负反馈"概念。通过负反馈，运算放大器焕然一新，变幻出了无穷的用处。那么什么是负反馈呢？就图 4.3 中的电路而言，我们可以设想某时刻 LM358 的正极输入端电压比负极输入端电压略高了一点点，那么输出端的电压就会上升，而这个上升的电压通过可变电阻传回负极输入端，使得那里的电压上升。当它上升到比正极输入端的电压还要高时，输出端的电压就会下降，这个下降的电压通过可变电阻传回负极输入端，使那里的电压下降……可以想象这是一个此消彼长的过程，而且发生在很短的时间内，最终的结果是，通过负反馈，LM358 的正负极输入端电压保持一致。这时我们可以计算输出端的电压，即输出电压：

$$V（输出电压）=［V（正极输入端电压）/1\text{k}\Omega］×（1\text{k}\Omega+可变电阻值）$$

即输出电压与正极输入端电压之比为（1kΩ+可变电阻值）/1kΩ。这样，"不羁"的运放通过负反馈变成了一个放大倍数可调（201~1）的放大电路。图 4.3 中与可变电阻并联的电容起到了进一步平滑电压信号的作用。

运放还有很多其他优秀的品质，有兴趣的读者可以从电子电路的相关书籍中或网络上找到很多由运放构成的实用电路。而负反馈则更是博大精深，它通过牺牲一个放大器的一部分放大能力（如图 4.3 所示，使得运放的放大倍数从数千降到了数百），而起到了稳定电路、抵抗噪声、增强线性、扩大带宽等作用。有趣的是，当年，在工程师布莱克先生提出这个概念时，大家都觉得他疯了。一个合格的放大器自诞生起就是靠放大倍数拼高下的，你倒好，还费尽心机把它的放大倍数减小。所以在布莱克先生为这个概念申请专利时遭到了专利局的拒绝，直到六七年以后，世人才渐渐认识到这个概念的伟大意义。如今，我们所使用的每一个电子产品里或多或少都有负反馈的身影，它也当之无愧地成为了20世纪电子科学最伟大的概念之一。你或许会想，那有没有正反馈呢？当然也是有的。比如我们熟悉的当话筒和扩音器靠得太近时会产生刺耳的"叫声"，这就是正反馈的一个生动代表。话筒端稍微一点噪声输入，通过扩音器放大数倍后变成较大的声音，这个声音又通过话筒进入扩音器得到进一步放大，如此循环直到达到扩音器的极限，就形成了刺耳的"叫声"。可见正反馈通常会造成非常极端的结果。除了少数情况需要特别设计成正反馈以外，一般电路都是以负反馈为主。

动手实践

所需材料列表

LM358（注意在该芯片上集成了两路运放，我们只需要用其中的一路即可）

电容

电阻

电线、电阻、电容若干（依照图4.3所示电路所需）

把这些电子元器件按照图4.3所示的电路连接起来（注意，图4.3没有画出LM358的供电电源，相信读者通过阅读芯片的技术文档能够找到相关信息），可以先在面包板上搭接电路，以测试电路是否能正常工作，然后再将电路焊接到"洞洞板（万用板）"上。对于没有电子实践基础的读者，连接这个看似简单的电路可能也会需要一些时间来琢磨和尝试。还记得我上大二时，第一次动手焊接一个调频话筒的电路，虽然当时已经积累了丰富的理论知识（已经上过两个学期的电子技术课），但是我实际上没见过实际生活中的二极管。书本上的理论是用一个个的公式来描述各种基本电子元器件的性质，这就像看书学游泳一样，到水里那些理论全用不上了。我清楚地记得当时对"接地"这个概念颇为困惑（图4.3中的"∇"就表示接地），难道我们要把这些导线插到泥土里面去吗？后来慢慢地明白，所谓的"地"就是电路中的一个电压参考点。以图4.3为例，就是把所有画了"∇"的线连到一起，并且把它们和供电电源的负极连起来。如果电路搭接在面包板上或者焊接好以后不工作，没有电子基础的读者可能会有点不知所措。高手都是从"菜鸟"成长起来的，面对第一次遇到的问题谁都会有些茫然，第二次遇到类似的问题就容易解决

ꞏ

了。检测电路问题的得力助手就是一个便宜、好用的万用表。而最先需要确认的就是电路中的各个重要部件是否得到了合适的电源电压，如这个电路中的运放是否得到了供电。确认这一点后，再检查其余各点的电压是否与预期的电压一致。在这个电路中，各点的预期电压取决于天线是否捕捉到了电磁波，所以相对比较复杂。这种情况下，可以把天线暂时去掉，在运放正极输入端输入一个已知的电压（可以用两个电阻把电源电压分出一部分来作为正极输入端输入），这样电路中的各点电压就有了预期值，再用万用表逐一检测电压是否正确。读者在制作的过程中很可能会遇到这样或那样的问题，但是相信通过一番研究，问题总是能够解决的，而那个时候收获的喜悦也是无以言表的！

　　本制作对天线单边的长度没有严格的要求，10~50cm都是可以的。如果研究更深入一些，我们会了解到不同长度的偶极天线的敏感波段是不同的。一般最佳天线单边长度为所捕捉电磁波波长的1/4左右，即"半波偶极天线"。但是我们的要求没有那么高。

　　电路焊接好以后如图4.5所示，你可能会注意到，图中的天线折叠了起来，这是因为我在尝试不同天线长度对信号是否有影响（结果是几乎无影响）。读者也可以制作几个不同长度的天线，分别焊接到电路中看看测量到的信号是否有所不同。

　　电路制作好以后，把它放到微波炉门附近，如图4.6（A）所示，注意要把微波炉功率设置到最大（通常为10级），这样时刻都在产生微波，不然微波是间歇产生的。另外要把微波炉里面的转盘取出，并放一杯水。放一杯水是为了吸收大部分的微波，如果不放任何含水物质，微波炉很容易会因功率过大而烧毁（如何利用微波炉把气体电离见本章后面的"探索与发现"一节）；而取出转盘是为了保持微波在空间中分布的稳定性，这样我们测量到的信号就不会有波动了。

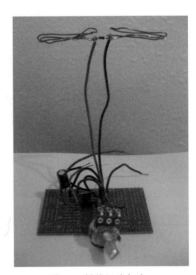

图 4.5　焊接好的电路

　　在微波炉未启动时，通过调节可变电阻，我们得到一个2.9V的直流输出，这是放大电路放大输入端固有的一些电压差后的结果。图4.6（B）展示了微波炉启动后，电路输出电压读数降低了将近2.6V，这表明天线捕捉到的电磁波经过二极管整流以后，加到运放的输入端，抵消了大部分固有的电压差。而图4.6（C）则表明，如果剪掉偶极天线的左半段，天线捕捉电磁波的能力明显下降，只能使电路输出电压从2.9V降到1.03V。一般常见的天线，如收音机上的天线、汽车上的天线都只有一根线伸出来，即只有偶极天线的一半。虽然这样的天线捕捉电磁波的效率有所下降，但是它的结构得到了简化。

　　如果你觉得这个实验已经很神奇了，那么下面的实验将会更加精彩！我们将用这个简单的天线和放大电路，描绘电磁波在空间中的分布，并且用它来测算光的速度（电磁波的速度）。

（A）微波炉没有启动时，电路输出的电压　　　　　（B）微波炉启动后，电路输出电压大幅降低

（C）剪掉一半偶极天线时，电路输出电压有所上升

图4.6　将电路放到微波炉门附近示意图

　　如果我们能够移动这个天线装置，测量出距离微波炉由近到远各个地方的微波强度，那么就能形象地把电磁波在空间中的分布描绘出来。当然，我们可以手动地、一点一点地完成这个测量工作，但是在现代科学实验中，这样的手工测量已经相当少了，取而代之的是数据自动化采集。为此，我搭建了图4.7所示的探路者号机器人，它是用著名的乐高玩具"Mindstorm"套件搭建的，有一个可以编程控制的微型计算机（单片机），从而驱动机器人沿着垂直于微波炉的方向由近及远地运动。与此同时，它还不断采集天线电路输出的电压，保存在微型计算机的存储器里（见图4.8）。等到它完成了一段路程的探索，我们就可以把数据下载到计算机上，用Excel根据多个数据画出曲线，研究电磁波在这一段路程上的分布。这个机器人的搭建和编程是非常简单的，如果读者恰好有一套这样的玩具，很容易就能搭建好了。唯一需要注意的地方是，连接天线电路的输出端和乐高控制器需要用一个三极管进行过渡，关于这一点，请参考书籍*Extreme NXT*第8章，相关内容大家从网上就能够找到。如果大家手边没有这样一套玩具也无妨，稍微辛苦一点，每移动1cm，手工记录一个数据，这样也能得到非常漂亮的结果，或者利用便宜很多的单片机（如在后面很多章节中将要用到的Arduino）来完成乐高的数据采集和小车驱动功能也是可以的。

图4.7　探路者号机器人负载天线时的雄姿

图4.8　探路者号机器人正准备启动

那么探路者号机器人记录的电磁波分布是什么样的呢？如图4.9所示，电压信号随着与微波炉间距离的增加有一些起伏，很有可能是电路自身的一些涨落与噪声引起的，因为下一次测量的电路起伏规律和这次又不尽相同了。如果天线离微波炉较远，输出电压就会慢慢地上升到微波炉没有启动时的输出电压数值，即3V左右，对应于图4.9中700~800的读数。

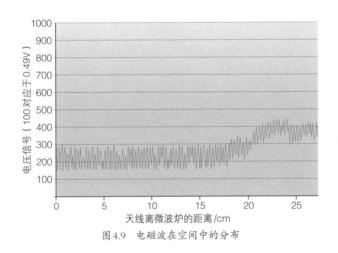

图4.9　电磁波在空间中的分布

图4.9的测量结果告诉我们，电磁波在各处的强度是基本一致的。但是，如果我们在离微波炉有一定距离的地方放上一个反射器（任何一块金属板都可以，我用的是一个长方形的不锈钢烤盘，见图4.10），它能把从微波炉发射出来的微波反射回去，这样反射的波和入射的波就能形成干涉，从而产生驻波，于是电磁波在空间中的分布就大不一样了。

可能有些读者对于驻波不是很熟悉，下面我们来聊一聊驻波。驻波的英文名字叫作Standing Wave，直白的翻译就是"站着不走的波"，要理解它，最好从波的数学描述入手。假设一列电磁波从微波炉里发射出来，那么垂直于微波炉的路径上各点的电场强度可以用以下公式来描述：

$$E(x)=E_0\cos(2\pi x/\lambda-2\pi t/T)$$

图 4.10　加入反射器（不锈钢烤盘）以后，电磁波在空间中的分布大不一样了

其中，x是垂直线上某点与微波炉的距离，E_0是刚刚离开微波炉门$t=0$时的电场强度，λ是微波波长，T是微波周期。这个描述波动的公式表明，空间中各点的电场振幅都是一样的，只不过相位有所差别，即离微波炉近的地方首先达到电场强度的极大值，接下来这里的电场强度开始减小，而离微波炉稍远的地方的电场强度开始增大。天线电路的输出电压信号是与当地电场振幅成正比的（因为我们测量到的是一个整流后的平均值），所以才有图4.9中各处电压信号差不多的结果。但是如果加入一个反射板，那么在微波炉和反射板之间就存在两束波，一束波是微波炉发射的，另一束波是反射回来的波。这样空间中某一点的电场强度就是这两束波的叠加：

$$E(x)=E_0\cos\left(\frac{2\pi x}{\lambda}-\frac{2\pi t}{T}\right)+E_0\cos\left(2\pi\frac{2L-x}{\lambda}-\frac{2\pi t}{T}\right)$$

式中，第二项是反射波，L是微波炉门与反射板间的距离。之所以要用$2L-x$，就是因为在反射波到达x点时，实际上已经走过了$2L-x$这么远的距离。这个式子可以用三角函数的和差化积公式进行简化：

$$E(x)=2E_0\cos\left(2\pi\frac{L-x}{\lambda}\right)\cos\left(2\pi\frac{L}{\lambda}-\frac{2\pi t}{T}\right)$$

这是一个非常有意思的表达式，空间中x点的电场强度仍然是随时间变化而波动的，周期为T，这是$\cos\left(2\pi\frac{L}{\lambda}-\frac{2\pi t}{T}\right)$所表达的含义。而这一项前还有一个因子$\cos\left(2\pi\frac{L-x}{\lambda}\right)$，这表明空间中各点的电场振幅与位置是有关系的，如当$L-x=\frac{\lambda}{4}$、$L-x=\frac{\lambda}{4}+\lambda/2$、$L-x=\frac{\lambda}{4}+\lambda$时，$\cos\left(2\pi\frac{L-x}{\lambda}\right)=0$，表明这些点的电场振幅为0，即这里的电场强度始终为0。这些零点相邻的地方，电场振幅慢慢增大，直到$L-x=\frac{\lambda}{2}$、$L-x=\frac{\lambda}{2}+\lambda/2$、$L-x=\frac{\lambda}{2}+\lambda$时，这些点的电场振幅为$E_0$的两倍。形象地描述，这列波就好像一根橡皮筋被一些钉子钉在墙上一样，钉子的位置就是电场振幅为0的地方，而钉子之间的橡皮筋还是可以上下振动的，这就是驻波。

　　了解了驻波的形成，我们知道它最明显的特征就是空间中有些地方的电场振幅为0，有些地方的电场振幅极大。我们可以用探路者号机器人来测量，看看是否如此，结果见图4.11。果然，在小车前进的途中，有些地方电场振幅极大，天线电路输出的电压值很小，就如图4.9所示的数值一样。而有些地方天线电路输出电压值很大，为3~4V，表明这些地方没有电磁波的电场，正如图4.6（A）所示，与微波炉未启动时测量到的电压值一样。这些没有电磁波的电场的地方就是驻波被"钉"在空间里的点。

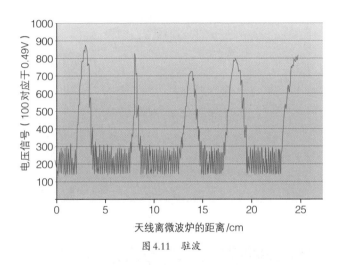

图4.11　驻波

　　从前面的讨论中我们得知，相邻两个电场振幅为0的地方之间的距离应该为$\lambda/2$，即波长的一半。图4.11告诉我们，在大约25cm的间距内，出现了4.5个电场振幅从0到极值的周期，所以一个"周期长度"约为5.6cm。而这个"周期长度"应该是微波波长的一半，所以我们通过这个测量得到了微波炉的波长约为11.2cm。本章最开始提到了微波炉产生的微波频率都在2.45GHz左右，我们可以从这两个信息中得到电磁波在空气中传播的速度（光速）为：

$$频率 \times 波长 = 2.45 \times 10^9 \times 0.112 = 2.744 \times 10^8（m/s）$$

　　哈哈！我们仅通过这么一个简单的装置和实验，就测得了光的速度，虽然有一些误差，但这难道不是一件值得高兴的事情吗？

探索与发现

　　从一百多年前赫兹先生演示电磁波的发射和接收以来，对天线和电磁波的研究不断深入，它们已经各自发展成为了一门博大精深的学科。这些研究成果也转化成了现实应用，成为了生活中随处可见的产品。仅就本章所讨论的微波而言，除了加热食物外，它还用于雷达、通信等领域中。在工业界和科学界，微波还被用来电离气体，产生等离子体，而这些等离子体又可以用来加工电子芯片、改变材料性质等。这些看起来很高深的用处，实际上用我们日常使用的微波炉也能实现。在亚利桑那大学物理系勒罗伊教授的实验室中就有一台从家电超市买来的普通微波炉，我曾在这间实验室里工作学习过。我们在微波炉里放入一个玻璃饭盒，并在上面连接一个真空泵的抽气管（见图4.12）。在开启真空泵的同时，向玻璃饭盒里通入少量的氧气，即保持饭盒里始终有低压氧气。然后启动微波炉，我们就能看到图4.13所示的壮丽图景了。

图4.12　在普通微波炉内部放入可以抽真空的玻璃盒

图4.13　氧气被高功率的微波电离了

玻璃盒里发射出紫色的明亮光线，这就是氧气等离子体所特有的颜色。普通微波炉能产生1000W左右的微波，这些能量被注入微波炉的金属腔内，在金属壁之间来回反射，一小部分从前门泄漏出去，这就是我们开始探测到的微波泄漏；而大部分则留在金属腔内。微波炉不断注入新的微波，这些能量在金属腔内聚集，或者说金属腔内电磁波的电场强度在不断增大，而且没有含水的物质来吸收这些能量。但是当电场强度增加到一定程度时（通常要达到每米上千伏的电场强度），微波炉内（包括玻璃盒子内外）的一些空气分子就会被电离了，电离以后，电子和离子分别被空间中的电场加速。但是，玻璃盒外的空气是大气压，分子密度很高，所以这些被加速的电子和离子很有可能还没有获得太大的速度就撞上了别的分子，从而始终不能不受干扰地加速到很大的速度。而玻璃盒子内是低压氧气，这些电离后的电子和离子很多都能够畅通无阻地被加速很长一段距离，这样它们就获得了极高的能量，所以当它们撞到下一个分子时，足以把那个分子撞得四分五裂，从而产生新的电子和离子。就像链式反应一样，这些电子和离子被加速从而撞碎更多分子，最后整个玻璃盒里的氧气大部分都变成了电子和离子。在电子和离子发生碰撞的时候能够发光，这就是我们所看到的玻璃盒里发出的绚烂的紫光。

毫无疑问，这可不是家电厂家所推荐的微波炉的正确使用方式。由于有大量电磁波能量在炉腔内游荡，很容易就会把产生微波的装置烧毁，所以我们还为它加装了水冷循环。考虑到这个工程的复杂性，我们作为"业余科学家"就不能在家里DIY这个"微波炉等离子体产生器"了。

在完成本章实验的过程中，我还尝试着探究了微波的偏振态（见第1章关于偏振的一些基本原理）。按理说，根据图4.2所描述的天线捕捉电磁波的原理，偶极天线只吸收在平行于天线的方向上偏振的微波。所以如果我们能够用一块偏振片吸收具有这种偏振态的微波，那么放在偏振片后面的天线的输出电压就应该和微波炉未启动时的输出电压一样了。所以我制作了图4.14所示的硕大的微波偏振片，其实就是将一些铝箔条粘贴在一个由纸壳制作的方形架子上，注意，上面那条白色纸带的长度是25cm。制作这个微波偏振片的本意是希望偏振方向平行于铝箔条的微波被吸收，而偏振方向垂直于铝箔条的微波能透过。这个偏振片的尺寸设计考虑了微波炉的电磁波长大概为11.2cm（前面测量到的结果）。但是，当我把这个偏振片放在微波炉和天线电路之间，却看不到任何电路输出的变化；即使我将一整块铝箔放在微波炉和天线之间，也不能影响电路输出。可能是因为铝箔太薄了，无法有效吸收微波？我想将其作为一个未完成的课题，留给读者去探索了。

图4.14　不成功的微波偏振片

说磁

第 5 章

5

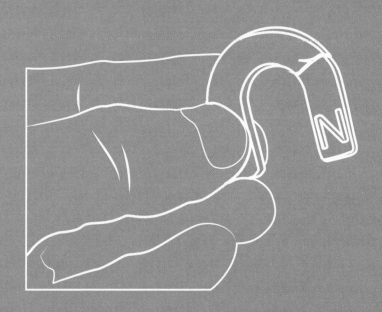

" 　本章将探索磁性这一神奇的自然现象，为后面数个与磁有关的章节进行铺垫。我们将首先了解不同磁性的分类和它们的起源，并通过亲手实践，验证铝是被磁铁吸引的，铜是被磁铁排斥的，胡萝卜也具有磁性等有趣而且违背常识的现象。我们还将利用物质的磁性，制作一个简单但是寓意深远的'居里热机'。 "

闲话基本原理

　　磁铁是非常令人着迷的东西，它们彼此之间存在着一种魔力，要么难舍难分，要么无法靠近。究竟是什么东西在主宰着这种隔空传递的力呢？有时一块磁铁碎成两半，这两半磁铁却相互排斥，即使它们前一秒还是一个整体；有时一块磁铁碎成两半，它们却又紧紧连在一起，这又是为什么呢？而且，为什么螺丝刀和磁铁待久了也会"近朱者赤"而变得带有磁性呢？

　　我国的古人把磁铁叫作"慈石"。李时珍所著《本草纲目》引用"陈藏器曰：'慈石取铁，如慈母之招子，故名。'"《本草纲目》还记载了"慈石"的诸多药用功效，如治疗耳聋、刀伤等。虽然今天的人们有个头疼脑热时不会想到通过吞一块磁铁来治病，但是我们从其他方面更加深入地研究了磁铁，以及更广泛的物质的磁性。由此产生了无数利用磁性的发明，改变了人类文明的进程。

　　我记得高中物理书上曾讲过，磁性起源于一种分子电流，即磁铁里有许多小的环形电流。我们知道环形电流相当于一个小小的磁铁。许许多多的分子电流向同一个方向旋转，这样它们产生的磁场叠加在一起，就形成了非常强的磁性。这是一个粗略的物理图像，而且也不完全正确。通过科学家们不懈的研究，我们现在了解了，所谓的分子电流其实是一种叫作电子自旋磁矩的东西。电子是我们知道的基本粒子之一，目前我们认为它没有内部结构，不可以再分开成更小的粒子了。这个奇怪的粒子除了带负电外，它还具有角动量（称为"自旋"），并且像一个小磁铁一样，具有磁矩。

　　这一点倒不难理解。我们可以设想一个玻璃球，它带有负电荷，如果我们让它旋转起来，那么这些转圈的负电荷就形成了环形的电流（电流不就是由电荷的定向移动形成的吗？）环形电流产生磁场，就形成了一个小磁铁。当电子的自旋概念最早被两位年轻的荷兰物理学家塞缪尔·古兹密特和乔治·乌伦贝克提出来时，他们就是使用这种带电小球的模型来估算电子旋转的速度。但是估算的结果是电子这个小球的表面速度将会超过光速，这个结果看起来太荒唐了。古兹密特和乌伦贝克心里没底，就向他们的导师——著名物理学家保罗·埃伦费斯特询问意见。埃伦费斯特先生说："你们还年轻，做一点荒唐的事情是应该的，你们把这个结果发表出去也没有人会责怪你们。"[1] 幸亏埃伦费斯特先生的开明，这才诞生了一项伟大的发现。后来我们知道，电子的自旋不能从经典物理学的角度去理解，它是一种全新的量子物理现象。要深入理解电子的自旋，需要坚实理论基础，涉及知识广泛，这就留给大家以后钻研了，对于业余科学家，我们要了解的是，电子就像一个小小的磁铁，将亿万个电子的"南北极"整齐地排列在一起就形成了我们日常里看到的磁铁（见图5.1）。

图5.1　一个普通磁铁由很多个"小磁铁"（电子）组成

当然，并非所有的磁性都是电子自旋的整齐排列造成的，如我们熟悉的电磁铁的磁性就是利用通电线圈产生的，也就是说这个磁场是由电子在空间中的运动导致的。还比如，对我们的生活有着巨大影响而默默无闻的地球磁场，到现在，我们也不清楚它的产生机制。更为神奇的是，地球磁场并不是恒久不变地指向同一个方向的，它隔一段时间就会慢慢地逆转。大约每隔45万年，地球磁场的南北极会颠倒过来。幸好这个颠倒并不是一夜之间发生的，而是需要很长的时间，否则靠磁场判别方向的动物们可就真的是"找不着北"了（本章的"探索与发现"一节将会介绍一种有趣的靠地磁场生活的海洋生物——趋磁细菌）。

了解了磁性产生的一些机制，我们来看看根据物质的磁性进行的分类，这样有助于我们从纷繁芜杂的磁现象中理清头绪。根据物质在外加磁场下的反应，我们把物质分为以下几大类，即铁磁体、反铁磁体、顺磁体和逆磁体。可能我们听着这些名字有点糊涂了，不着急，我们来看一些在生活中常遇到的物质归属于哪一类。

铁磁体就是像铁一样的材料，它有什么特点呢？它在遇到磁铁时会强烈地被吸引，如果跟强磁铁在一起待久了，它自己也会带有磁性。这些特点可以从电子自旋来理解。一根普通的铁钉里有千万个带有自旋的"小磁铁"，即电子。而且这些电子在铁钉里的分布并不是无纪律的，而是比较有序地排列着，如图5.2所示，大家可以看到电子在铁钉里"拉帮结派"，形成了"割据"。一小块区域内的电子自旋排列基本是平行的，它们形成了一个强度远远大于单个电子的"中等磁铁"，这些区域被称作磁畴。在铁金属中，它们的尺寸大约是几十微米（$1\mu m$等于$10^{-6}m$），相当于有几十亿个电子平行排列在一起。如果我们能够单独分离出这么一小块铁来，那么我们就得到了一块微米级的磁铁（微米磁铁是一个热门的前沿研究）。但是，毫无疑问，一根铁钉的长度可远远不止

---

[1] 这个故事我是从中国科技大学的老师那儿听来的。

几微米，从图5.2中我们看到，宏观的铁钉是由很多个磁畴组成的。遗憾的是，在这些磁畴之间并没有达成一致指向同一个方向，而是比较随意地排列着。虽然它们各自都产生了不小的磁场，当在组成宏观材料时，各自的磁场相互抵消，对外显现不出磁性，所以一根普通的铁钉并不带有磁性。但是，当有一个磁铁靠近它时，情况就不一样了，这些"中等磁铁"（磁畴）在外加磁场的干涉下，统统指向了平行于外加磁场的方向，这样它就被变成了一块强有力的磁铁（如图5.1所示），与外来磁铁紧密吸引。并且当外来磁铁被拿走后，这些磁畴们还恋恋不舍地指向同一个方向，留下了外加磁场的痕迹，这就是跟磁铁待久了，铁也变得有磁性的原因。

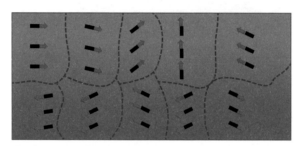

图 5.2　金属铁中的"磁畴"

反铁磁体是一种非常奇特的物质，在日常生活中不容易见到，所以我们可以略过它不谈。而顺磁体和逆磁体则几乎涵盖了生活中遇到的99%以上的东西，值得我们深入地了解一下。

在我们的生活常识中，似乎除了铁器能和磁铁发生相互作用外，其他东西均"没有磁性"，如我们区分铝和铁的一个办法就是拿磁铁来吸一吸它们，能被磁铁吸走的是铁，否则就是铝。但是铝真的对外来磁铁没有丝毫反应吗？非也。实际上铝也被磁铁吸引着，如果不信，在本章后面的"动手实践"一节中你可以自己亲手做实验验证这一点。常识还告诉我们，铜也不会和磁铁发生相互作用。真是如此？非也。实际上铜被磁铁排斥着，在后文中你也将自己动手验证。

你是不是觉得熟悉的世界开始混乱了？

实际上铝和铜就是两大类物质——顺磁体和逆磁体的代表，在它们和磁铁之间存在着微妙的相互吸引或者相互排斥的关系。只不过这个作用力非常小，比铁对磁铁的力要小成千上万倍，所以一般状态下不容易被发现。所谓顺磁体就是像铝那样，能够感受到外来磁铁微弱的吸引力的物质；而逆磁体就是像铜那样，能够感受到外来磁铁微弱的排斥力的物质。这些性质是怎么引起的呢？首先来看顺磁体，如图5.3所示，金属铝中也有很多个"小磁铁"，即电子自旋，和铁不一样的是，铝中的这些电子自旋非常不配合，基本上都是横七竖八地排列着。即使有一个外来磁场，它们也不愿意整齐地排列起来，大部分的电子还是我行我素，仍排列得横七竖八，只有小部分的电子指向了和外加磁场平行的方向，所以宏观上它变成了一个强度很弱的大磁铁，在它与外加磁铁间有弱小的吸引力。一旦外加磁铁撤离，电子又变得自由散漫，宏观上的一点磁性也没了。

图 5.3 顺磁体

顺磁体还算好理解，和铁磁体有些类似。那么铜是怎么回事呢？它怎么会被外加磁场排斥呢？按理说，铜、铝和铁一样是良好的导体，这就证明在它们里面都有大量自由活动着的"小磁铁"，即电子。既是磁铁，那么在外加磁场的作用下它们应该趋向于和外加磁铁相吸引才对啊。比如把一块磁铁的南极靠近指南针，指南针就会转动方向，使自己的北极朝向外加磁铁的南极，互相吸引。所以，要理解逆磁性还真不是一件容易的事情，但是我们还是可以用高中学过的物理知识来了解一下它最基本的原理。

暂时先忽略电子的自旋，即把铜里的电子仅仅看作一个小电荷，而不是"小磁铁"。假设某一个铜的电子在我们的纸平面内随机地游荡着，如图5.4（左）所示，在某一个时刻，它朝前运动着，具有速度v。这时，我们拿着一块磁铁靠近铜，为铜里面的电子带来了一个垂直于纸面向里的外加磁场。在这个磁场的作用下，原本开心地沿着直线运动的电子感受到了一个侧向的磁场力，这个力等于

$$F = -ev \times B$$

某一个瞬间电子朝前运动着

垂直纸面向里的外加磁场

图 5.4 逆磁性的来源

我们从高中课本中学过，这个力会使得电子从做直线运动变成做圆周运动。圆周半径为：

$$r = \frac{V^2}{|F|} = \frac{V^2}{evB} = \frac{V}{eB}$$

如图5.4（右）所示，电子开始进行顺时针旋转。注意到电子带负电，所以这等效于一个环

形电流在绕着逆时针运动。电流大小为：

$$I=e/t=e/(2\pi r/v)=e^2B/2\pi$$

　　根据右手定则，逆时针运动的电流产生一个垂直于纸面向外的磁场，正好与外加磁场针锋相对。如果把这个小小的环形电流看成由一个磁铁产生，那么它的北极指向纸外，与外加磁铁的北极相对，从而导致它被外加磁铁排斥。一块金属铜里有亿万个电子在自由运动着，它们在外来磁场的影响下做圆周运动，产生亿万个排斥外来磁铁的环形电流，这便导致了逆磁性。

　　一切看起来都能自圆其说，但是，且慢！我们在讨论逆磁性的时候进行了简化，忽略了电子的自旋。如果把电子自旋加进来，它的贡献是顺磁性的，那结局会怎样？而我们在讨论铝的顺磁性的时候，也根本没有把产生逆磁性的电子圆周运动考虑进来，如果考虑，结局又会怎样？

　　电子自旋和电子圆周运动这两个因素之间的"决斗"，结局我们是知道的：铝及其他顺磁体的电子自旋效应胜出，铜及其他逆磁体的电子圆周运动效应胜出。然而这两个因素之间的"刀光剑影"，在不同材料里的"明争暗斗"，却是"荡气回肠，一言难尽"。有多少痴情的物理学家倾其一生来求解这胜负之谜，正所谓，"为伊消得人憔悴"。我等业余科学家暂时只能"不求甚解"，待以后再细细钻研了。

　　了解了这么多关于物质的奇闻轶事，下面到动手验证的时候了。

动手实践

　　首先我们就来回答本章刚开始的时候提到的一个问题，把磁铁摔碎以后，剩下的这两块半块磁铁究竟是相互吸引还是相互排斥。图5.5（左）展示了一块碎裂的马蹄形磁铁；图5.5（右）则展示了碎裂的部分又紧密地吸引在一起。我想大家更熟悉的情况可能是一块长方形的磁铁碎裂以后就再也无法拼成原来的样子了。这个现象想必在很多读者心中长久地留下过一个问号。究竟什么样的磁铁碎裂以后会相互吸引，什么样的磁铁碎裂以后会相互排斥呢？

图5.5　马蹄形磁铁断而复连

　　这个问题的答案大家一看图5.6就会明白。一般的方块形磁铁的磁极是垂直于它最大的表面的，所以当它断裂时，就形成了如图5.6（上）所示的两块小磁铁。这样摆放的两块磁铁是相互排斥的，因为它们的同名磁极靠得很近。虽然没有北极直接对着北极的时候斥力大，但彼此之间肯定是相互排斥而不是相互吸引的。如果我们把其中一块磁铁翻过身，则两块磁铁的异名磁极靠得比较近，这样它们就能吸附在一起了，但通常断裂面不平整，即使让这两块磁铁的异名磁极相互靠近它也无法完美地拼成一个整体了。如果你对这种粗略的描述不满意，我们也可以用高中的物理知识来证明这样摆放两块磁铁时，磁铁之间是斥力。我们可以假设其中一块磁铁的磁场是由一个环形电流产生的，如图5.7所示。这个环形电流会受到来自左边磁铁的力的作用，而且它的左右两条边受到的力是指向相反方向的（如图5.7中的红色箭头所示）。但是，由于靠近磁铁的那条边感受到更强的磁场，所以它受到的磁场力更大，总而言之，环形线圈受到了一个向右的排斥力。至于环形线圈前后两条边所受到的磁场力，由于它们方向相反，并且大小相等，所以相互抵消了。

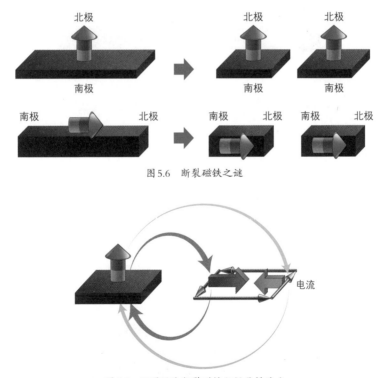

图5.6　断裂磁铁之谜

图5.7　证明两块断裂磁铁之间是排斥力

　　图5.6（下）则展示了另外一种磁铁，如条形磁铁，以及图5.5中的马蹄形磁铁，这种磁铁的磁极是沿着磁铁的长边方向的。当它断裂之后，形成的两块磁铁正好南北极相对，所以它们之间有吸引力。这样才出现了图5.5中的情况，即在马蹄形磁铁断裂以后还能拼在一起形成一个完美的整体。

　　接下来我们来看前面提到的铝和铜与磁铁间的相互作用。由于这个作用力非常微弱，我们需要一个灵敏的高科技装置才能测量到，见图5.8，这便是一个扭秤（用扭秤来做这些实验的原始想法来自于2012年第592期《无线电》杂志上的一篇文章《抗磁悬浮》，主要作者是王超）。扭秤看似构造简单，实际上可一点不简单，历史上库伦曾用它测量过电荷之间的相互作用力，牛顿曾用它测量过物体之间的引力，发现了万有引力，可谓彪炳史册的一个实验装置。图5.8中的白色圆杆是一根吸管，左边是配重（我用的是一小块胡萝卜），右边是缠绕的铜丝。通过调节胡萝卜的位置可以使得扭秤平衡。

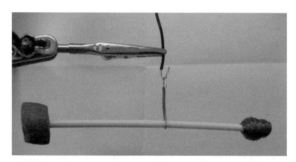

图5.8　磁力扭秤

　　由于所测量的作用力非常微弱，我们需要用磁力尽量强的磁铁来做这个实验。目前磁力最强的磁铁是一种人工合成的被称作"钕铁硼磁铁"或者"稀土磁铁"的东西［因为钕（Neodymium）是一种稀土金属］，它的磁性比一般的黑色磁铁的磁性强数百倍，大家可以从网上买到。要注意不要把它靠近磁卡、计算机等带有磁性的物件，否则可能会造成磁卡无效硬盘损毁等后果。另外要谨防被两块强磁铁夹伤。

　　图5.9展示了将两块钕铁硼磁铁（银白色物，黑色方块是普通磁铁）慢慢靠近铜导线的情景（照片是从上向下拍摄的，磁铁与扭秤处于同一个水平面），可以很明显地看到铜导线被推开了。要注意，磁铁要慢慢地靠近铜导线，因为如果太快了，会在铜导线中产生感生电流，根据楞次定律，感生电流产生的磁场也是抵抗外加磁场的。所以这个效应就会与我们想要观测的逆磁性相混淆了。

图5.9　铜被强磁铁推动

把铜丝换成家里用来包裹食物的铝箔（如果读者不容易找到铝箔，从五金店买一点铝丝缠绕起来也是可以的），调整好平衡以后，我们就可以测量铝与外加磁铁间的作用了，见图5.10，铝箔被外加磁铁明显地吸引过去了。当然，还是要注意磁铁移动要缓慢，避免感生电流产生磁场的干扰。

图 5.10 铝箔被强磁铁吸引

现在应该相信我所言不假了吧？看到扭秤另一端的胡萝卜，你有没有在想，反正闲着也是闲着，要不要看一看胡萝卜有没有磁性呢？举手之劳，请见图5.11，哈哈！原来隐藏得最深的胡萝卜也是具有磁性的！而且看它与磁铁之间的缝隙，似乎它的逆磁性比铜丝的逆磁性还要强呢！

图 5.11 胡萝卜也具有磁性

估计你到这时候应该相信，身边的东西大概都是有磁性的，不是只有铁有磁性。只不过不同东西的磁性有强有弱。除了铁磁性容易被人关注外，其他看似没有磁性的东西实际上也是具有微弱的逆磁性或者顺磁性的。

让我们回头再来看看大家公认的磁性物质——金属铁，在19世纪末，法国著名的物理学家居里先生（居里夫人的老公）在实验中发现，磁铁的磁性随温度的升高而降低。我们知道，一块普通的金属铁，如果和别的磁铁在一起待了也会变成一块磁铁。而且更有趣的是，当铁的温度上升到770℃以上时，它的磁性就完全消失了，这个温度被称作"居里温度"。我们可以形象地理解这一现象，首先带有磁性的铁里面的电子的自旋基本上都是朝向同一个方向的，如图5.1所示，随着温度的升高，电子运动速度和金属中离子的振动幅度都会加大。这些更加活跃的电子和离子相互碰撞着，导致一些电子的自旋偏离了原来的方向，所以磁性减弱。而当温度高到一定程度的时候，金属中的电子和离子运动得如此剧烈，它们的自旋完全乱了方向，这个温度就是居里温度。不同磁性材料的居里温度有着很大的差别，而且与它们一开始的磁性强弱并没有直接的联系。比如一般的黑色磁铁（主要成分是四氧化三铁），其居里温度是800℃左右，而磁性非常强的钕铁硼磁铁，其居里温度只有200多℃，只要稍微在火焰上烤一下它就变得没有磁性了。

根据物质的这个特性，人们设计了一种巧妙有趣的"居里引擎"，或称"居里单摆"，见图5.12。在图5.12中，被火焰烧红的部分是一根订书针，通过一根铜导线将其悬挂起来形成一个单摆。订书针被图5.12中位于右侧的黑色磁铁吸引，所以停留在图5.12中的位置上。但是随着火焰的加热，订书针的温度越来越高，最终超过了770℃，这时订书针变得没有磁性了（更准确地说是变成了顺磁体，而我们前面看到过顺磁体与磁铁间的相互作用是非常微弱的），在重力的作用下，单摆离开磁铁。一旦它离开火焰的加热，其温度很快就降下来了，它又恢复了铁磁性，从而又被黑色磁铁吸引回来，完成了一个运动周期。

图5.12　居里单摆

在这个看似简单的单摆制作上需要进行一些比较细微的调整，如调整单摆的长度、悬挂铁丝的重量、与磁铁间的距离及火焰的温度等。要使得单摆制作能成功，单摆与磁铁间的距离要适中，要使得单摆在竖直位置上的时候悬挂的铁丝还能够受到足够大的磁场吸引力而偏向磁铁。铁丝质量不能太大也不能太小，太大的话，火焰无法把它加热到770℃以上；太小的话，黑色磁铁对它的吸引力太小，不足以让它摆动，总而言之，这是一个不断尝试和调整的过程。这个过程也让成功变得更加激动人心。我刚开始制作的时候觉得非常简单，但是制作好了以后单摆一直被磁铁吸住，不能摆动，我怀疑是我自制的医用酒精灯（70%的酒精含量）的火焰温度不够高，但是我用万用表的温度档位和热电偶测量火焰黄色部分的温度，将近900℃（见图5.13，有一些比较新的万用表是带有温度测量功能的，并附带热电偶，可以测量1000℃以下的温度，物美价廉），这就说明酒精火焰是足以把铁加热到居里温度以上的。后来我逐渐减少了铁丝的重量（开始使用了几个订书针，最后减少到了一个），终于单摆能够离开磁铁的吸引，振荡起来。

图5.13　测量火焰温度

探索与发现

作为科学家，虽然是业余的，我们也要从定量的角度了解物质的性质。因为只有了解定量的知识，才能有新的发现、新的创造，知道什么是不可能的、什么是可能的。我们来看一看衡量各种物质磁性的参数，磁化率（Magnetic Susceptibility，Susceptibility可是个难记、难念的单词）。磁化率是一个无量纲的量，它是这样定义的：当在一个物质外面加磁场 B 时，会引起物质本身产生一个或强或弱、或顺从或逆反的磁场b，磁化率就是这两者之比。如果在物质内诱发的磁场和外加磁场方向一致，那么磁化率就是正的；反之，则是负。所以说铁磁体和顺磁体的磁化率都是正的，逆磁体的磁化率是负的。下面的列表5.1展示了一些常见物质的磁化率。

表5.1　常见物质磁化率

物质名称	磁化率
铝（顺磁体）	2.2×10^{-5}
铜（逆磁体）	-1.0×10^{-5}
水（逆磁体）	-0.91×10^{-5}
石墨（逆磁体）	-1.6×10^{-5}
铁（铁磁体）	3000 左右，取决于外加磁场强度
超导体（逆磁体）	-1

表5.1包含了很多信息，首先如开始所说，顺磁体和铁磁体的磁化率是正的，逆磁体是负的。另外我们注意到顺磁体和逆磁体的磁化率非常小，在 10^{-5} 量级，这表示如果外加一个1特斯拉（1T）的钕铁硼强磁铁，我们只能在铝里面引导出0.22高斯（G）的磁场来。特斯拉和高斯是两位著名的科学家，为了纪念他们的贡献以他们的姓氏命名了磁场的单位，1T=10000G。一般黑色磁铁大约在其表面产生几十高斯到几百高斯的磁场，钕铁硼强磁铁可以在其表面产生1特斯拉的磁场，这也是目前永磁体所能达到的最高纪录。地球磁场在赤道附近是0.3高斯。所以，可见顺磁体和逆磁体即使在存在外加强磁场的情况下，也只有非常微弱的反应，这就是为什么我们平时都认为它们没有磁性。表5.1中另外一个有趣的地方是，水和石墨（碳）都具有不错的逆磁性，这就是为什么胡萝卜都会被磁铁排斥了。而作为铁磁体"掌门人"的铁，其磁化率竟然是3000左右，这比逆磁体和顺磁体的磁化率大了近亿倍。与铝和铜同为良导体，它们的磁性竟有如此巨大的差别，难怪科学家们想要一探究竟。表5.1中最后一行是一种特立独行的材料——超导体，它的磁化率是-1。与铁磁体相比似乎不那么令人惊讶，但是实际上这是一类更令人着迷的物质。我们来看看磁化率是-1的意思，它表示，外来一个磁场，超导体内就会产生一个与之一模一样的磁场来抵抗（注意外加磁场如果过大会摧毁超导效应）。这太神奇了，为什么能够不多不少恰好抵消呢？这个问题及超导机制等问题，依然是今天的前沿研究方向。

在本章的"闲话基本原理"那一节里我们还提到了依靠地球磁场判别方向的生物们，其中有一种简单而且有趣的水生生物叫作趋磁细菌，图5.14就展示了一幅趋磁细菌的显微照片。它们的身长大约仅有几微米，身体的两端有两根细长的触须（图5.14中未显示）。有趣的是，在它们的身体里面有一根类似脊柱的线，当然这不可能是脊柱，它离修炼到脊椎动物还差得远呢。那这是什么呢？这根线是细菌身体内的"结石"，大多是几十纳米大小的四氧化三铁颗粒。我们知道四氧化三铁就是常见的黑色磁铁，所以在这种细菌体内就有很多个"小磁铁"。它们在地球磁场的作用下排成一条线，这样身体柔软的细菌就变成了一个小小的"指南针"。在水中它们靠旋转两根细长的触须产生向前或向后运动的推动力，而决定运动方向的则是当地地球磁场的方向。除了赤道附近的磁场是基本平行于海平面的，其他地方的磁场都与海平面有个夹角。这样，这些细菌沿着磁力线运动，可以到达海面获取氧气，或者深入水中获得食物。如此说来，它应该是指南针的最早发明者了。

图5.14　趋磁细菌的显微照片

物质的磁性可是一门庞大而且仍然生机勃勃的学问，而且研究它们也给我们的生活带来了很多进步。本章是关于磁性的最基本介绍，如果读者感兴趣，可以通过阅读别的书籍来进一步了解这门迷人的学科。在本书后面的章节中，我们将看到用磁铁制作的电动机、磁悬浮等有趣的内容，并通过亲手制作来了解有关磁性方方面面的更多内容。

第 **6** 章

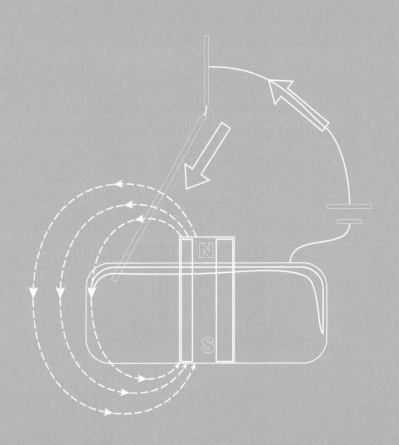

一分钟简介

> 本章将介绍几种有趣的直流电动机，从人类历史上出现的第一台电动机到后来的有刷电动机，再到无刷电动机。读者可以通过亲手制作，了解人类的好帮手——电动机的基本原理，让第二次工业革命的浪潮'涛声依旧'。

闲话基本原理

1821年的圣诞节，就像我们中国人的除夕夜一样，古老的伦敦市街道上空荡荡的，家家户户都在准备着一家团圆的"年夜饭"。新婚不久的法拉第先生家里只有他们小两口，所以也不需要法拉第夫人准备太多的菜肴。她正在厨房里忙活着的时候，法拉第急急忙忙地冲了进来，拉住她的手说："萨拉，快来看！"萨拉知道丈夫整天都在鼓捣一些导线、磁铁、化学试剂，常常会给她看一些有趣的东西，所以她很期待在这个圣诞之夜，丈夫会带给她什么新的惊喜。萨拉跟随法拉第来到他的小工作室里，法拉第指着桌上的一个装置说："你看！"萨拉定睛观瞧，只见一件图6.1所示的装置。在一个像天平一样的架子上挂着两根金属杆，它们分别伸到一个装满水银液体的杯子里。杯子中还有两根黑色棒状物。奇特的是，右边的金属杆像"着了魔"一样地绕着黑色棒状物旋转，而左边的黑色棒状物则绕着金属杆旋转。"太神奇了！"萨拉感叹道，"这是什么东西？"法拉第说："它叫Electromagnetic Rotation（电磁旋转装置）。"这便是人类历史上出现的第一台电动机[1]。

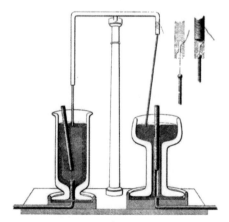

图6.1   法拉第设计的电动机

---

[1] 这个圣诞节的故事来自我看过的一本中文的法拉第传记，但是书名和作者已不可考，相信在其他的法拉第传记中也应该会有这个故事。

法拉第先生应该算是我们所有业余科学家的英雄。他是"铁二代"，父亲是伦敦的一位铁匠。经济拮据的父母只供得起法拉第念了几年小学，之后便让他在伦敦的一家书店里当学徒。他几乎不懂数学，对高深的理论也不了解，但是他在业余时间里非常勤奋地阅读书店里的科学典籍，并用形象类比的方式来理解需要复杂的公式才能严格描述的物理化学现象。他勤于动手实践自己的想法，不惧怕长达数年的失败。这些优秀的品质使他终于在业余科学家的道路上登峰造极，取得了绝大多数职业科学家都无法企及的成就。在爱因斯坦的书房墙上挂着3幅科学家的画像，分别是牛顿、法拉第和麦克斯韦。法拉第若泉下有知，也会为此感到欣慰的。

我们来看看法拉第发明的电动机究竟是怎么转动起来的，这也是理解其他电动机转动原理的起点。

图6.2展示了法拉第电动机转动原理示意图。水银是一种非常好的导体，当悬挂的金属杆一端浸没在水银里时，电流会从电源正极出发，经过金属杆、水银，回到电源负极。而水银中的黑色棒状物是一块磁铁，它的磁极沿着竖直方向。在图6.2中，用红色线条画出了几条具有代表性的磁力线（磁力线这个对磁场的形象描述就是源自法拉第），注意到这些磁力线都有与金属杆垂直的分量，即都有与金属杆中的电流垂直的分量。我们知道载流导线在磁场中会受到磁场的作用力，力的大小等于垂直于电流的磁场分量乘以电流强度，力的方向为垂直于电流和磁场所处的平面，服从左手定则。用向量的形式表达出来就是：

$$\vec{F} = \vec{I} \times \vec{B}$$

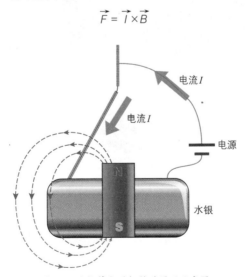

图6.2 法拉第电动机转动原理示意图

所以，悬挂的金属杆在通过电流时，会受到来自磁铁磁场的作用力。在图6.2所示的情形中，金属杆受到的力是垂直于纸面向里的，这个力推动着金属杆开始了绕磁铁的圆周运动，这便是法拉第电动机的基本转动原理。当然，这个电动机所产生的功率非常低，不足以推动其他机械装置运动，到后来技术的蓬勃发展，才使得电动机成为了人们生产和生活的好帮手。

法拉第电动机的转动原理很容易理解，结构也简单，我们可以很容易地自己制作一个。但是法拉第所使用的水银可不是个容易得到的东西，而且，水银蒸气有毒，如果通过呼吸系统进入人体，会对神经系统造成极大的损害。我记得在我上初中的时候，老师还把一个装满水银的玻璃盒子（敞开的）带到课堂上，给大家演示大气压力。可见那个时候我们对于它的危害还不是太在意。不过如今人们对身体健康越来越重视，连老式水银温度计都已经光荣"下岗"了，再弄一盆水银来做实验恐怕没人敢碰了。幸运的是，导电的液体并不是只有水银，水也是导电的，虽然导电性远远比不上水银，但是我们可以在水中溶解食盐，增加溶液中带电离子的含量，这样盐水便可以取代水银成为实验材料了，重现法拉第电动机也就不难了。

动手实践

因所需材料简单，无须列表。大家来看一看制作成功以后的装置（见图6.3）就会明白了。

图6.3　重现法拉第电动机

图6.3中的银白色圆柱是前一章介绍过的钕铁硼强磁铁，红色的容器是通过修剪塑料杯得到的杯底，容器里的盐水差不多和磁铁高度齐平，将两根导线接到一个可调直流稳压电源的输出端上。慢慢调高电压，我们会看到悬挂着的铜导线开始缓缓地绕着磁铁旋转。当电压足够大时，悬挂的铜导线会快速旋转起来，见图6.4。

读者可能会有一个疑问，从前文的分析中知道，磁场对悬挂的铜导线的力是沿着磁铁切线方向的。那么，为什么在图6.4中，铜导线会离开磁铁呢？如果大家制作了这个装置，这一点就很容易理解了。切向电磁力导致导线开始旋转，当转速加快时，因离心力的作用使得铜导线"飞离"了磁铁，铜导线转速越快、飞得越远。

图6.4　快速旋转的铜导线

在铜导线转动的同时，大家还会发现一个有趣的现象，那就是两根导线浸没在盐水里的部分都在"咕噜咕噜"冒泡，而且一会儿就会在水里看到绿色沉淀物。如果法拉第先生当时是用盐水而不是用水银，那么他将在发明了人类第一台电动机的同时，第一次观察到了电解反应（实际上后来法拉第通过别的实验观察到了电解反应，提出了电解定律，并成了这个领域的开山鼻祖）。上述绿色沉淀物我也不清楚具体是什么，有可能是氧化铜？我的化学学得不好，还望各位读者替我解答这个问题。

法拉第的电动机被称作"单极电动机"，即转动部分（电动机的"转子"）中的电流始终是朝同一个方向的。毫无疑问，这种电动机的观赏性大于实用性。要输出具有实用价值的力矩，我们需要更多的线圈在更强的磁场中运动，这便是后来出现的有刷电动机，其基本结构示意图见图6.5。

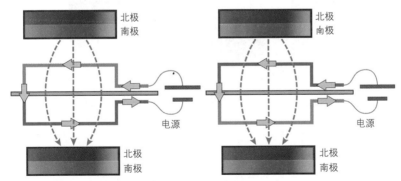

图6.5　有刷直流电动机基本结构示意图

图6.5（左）展示了电动机的一个瞬时状态，此时电流在线圈里逆时针流动，线圈上边受到指向纸外的磁场力，线圈下边受到指向纸内的磁场力，这样线圈就会带动中心的转轴旋转起来。当然这会使得线圈与电源间的接触断开，但是线圈和转轴依靠惯性继续转动，在转动180°以后

［见图6.5（右）］，线圈与电源重新接触，此时线圈里流动的电流相对线圈来说改变了方向，但是以局外人的视角来看，仍然是线圈上边受到指向纸外的磁场力，线圈下边受到指向纸内的磁场力，即磁场力矩还是推动着线圈继续运动。之所以叫作有刷电动机是因为电源与线圈接触的部件被称作电刷，这两个电刷起着确保电动机线圈所受的磁场力矩始终朝同一个方向的作用。

　　我们常见的，如玩具小汽车里的直流电动机一般都是有刷电动机，自己制作一个也很简单，自制直流有刷电动机如图6.6所示。转轴是一根小吸管（在前一章中它还是磁力扭秤的秤杆子），用漆包线绕成一个周长10cm左右，大约绕了10圈的长方形线圈（对线圈的尺寸、圈数要求不严格），把吸管插在线圈中间，然后放在一个由电线制作的"轴承架"上。磁场由一小块黑色磁铁提供。电刷就是两根从电源引过来的导线，我用的是0~15V可调电压的稳压源，这样改变所加的电压还能改变电动机的转速。电动机的启动需要手动为线圈提供一个最初的转动，线圈转起来后，就可以在电流和磁场的驱动下持续运动下去（注意如果线圈不但不转动反而很快停了下来，那表明手动转错了方向）。我曾经看过麻省理工学院物理系的电磁学课，有一节课的作业就是制作一个这样的电动机。作业交上去以后教授会一个接一个地为学生制作的电动机通电，看谁制作的电动机转动得最快，转动得最快的电动机的制作者将会在课堂上获得教授的奖励，这是一件挺光荣的事情。相信读者通过调试电动机的结构，减少摩擦，也能一次次提高它的转动速度。

图6.6　自制直流有刷电动机

　　即使是使用制作得如此简陋的一个装置，我们也能看到一些有趣的现象。最引起我注意的是在电刷与线圈接触的时候会产生火花，即使我使用的电源电压只有两三伏。要知道火花的产生意味着那附近的空气被极高的电场强度电离了，就像闪电一样。但是两三伏的电压是如何产生那么高的电场强度的呢？这是一个值得我们考虑的问题。实际上这并不是因为我们制作的装置简陋，在电刷周围产生的火花是任何有刷电动机都会遇到的一个大问题。这些火花会损坏电刷和线圈间的接触，是导致有刷电动机故障的一个主要原因，而且如果在电动机附近有易燃的润滑油之类的东西，这些火花还有可能导致火灾。

　　你看，这么一个简单的装置，还能体现如此重大的问题；这比仅朗读教科书上的话——"直流有刷电动机容易产生火花"要深刻得多吧！

　　由于有刷电动机易产生火花的问题，加之电刷与线圈的接触点经常处于高速摩擦中，很容易损耗（如果大家拆开一个旧玩具的小电动机，就会发现里面的铜电刷磨损得比较厉害），后来人们制造出了无刷电动机。无刷电动机的构造有多种，但是一般来说电动机的转子是由永磁体构成的，这样就不需要给一个转动的线圈供电了，电刷易产生火花的问题也就不存在了。而驱动永磁体转动的是一组电磁铁（通电线圈），电磁铁中的电流方向和大小由外加电路控制，这样就能在恰当的时候给转子以推动力。显而易见，这种电动机的控制电路比有刷电动机的控制电路复杂。有刷电动机只要接上一节干电池就能转动，而无刷电动机还需要相对复杂的程序控制。

　　我们自己也可以用简单的材料制作一个非主流的无刷电动机，见图6.7。

　　首先我用乐高的齿轮和插销制作了一个小陀螺，读者也可以用现成的玩具小陀螺。然后我在陀螺转轴上用胶带粘上两块方形的小钕铁硼强磁铁，它们的南北极相对。这就构成了无刷电动机的转子。要使得转子旋转，还需要一个外加的推动磁场，这个磁场的南北极来回变换，可以驱动带有磁铁的转子跟随磁场的频率转动。这个交变磁场由一个自己绕制的电磁铁产

图6.7　无刷电动机的组成部分

生（见图6.7中右侧）。如果它通过交变的电流（交流）则可以产生交变的磁场，可以用简单的芯片来完成，也可以用单片机来完成。现在市面上非常流行的一种单片机开发板叫作Arduino，它相当于一个小小的计算机，可以根据输入的程序来产生不同的输出，它的编程非常简单，价格也不贵，所以在本书中将会多次用到它。关于它的使用方法，读者可以上网搜索一下，即使是毫无编程经验和单片机使用经验的朋友，半天之内也能学会。对于初学者，在本章的"探索与发现"一节附上了下面要使用的程序，以便参考（你可能注意到了，在图6.7中还有一个易拉罐的底，它是干什么用的呢？且看后文分解）。

　　你可能会问，我们可不可以通过编程让Arduino的两个输出端口交替输出5V和0V，这样是不是就可以在线圈中产生交变的磁场了？遗憾的是还没有这么简单。单片机是个精贵的电子芯片，它的作用类似于大脑，如大脑可以想着要把这块石头举起来，但是要真正举起石头，还得靠大脑指挥力量组织如手臂去做功。我们要使电磁铁产生磁场，需要输出比较大的功率（数瓦量级）；而单片机端口的输出电流最大也只有二三十毫安，$5V \times 20mA = 0.1W$，远远不足以满足需求。这个时候，我们就需要用单片机来指挥一个"力量组织"完成这个事情。我选择了一个非常方便

好用的集成电路——L298N驱动板，是一种直流电动机驱
动板，大家可以在网上很方便地买到，它也不贵。它的作
用就像手臂一样，接受来自"大脑"单片机的指令，并对
外输出较大的功率。关于L298N驱动板的使用，将在本章
的"探索与发现"一节中介绍。它的核心是一个基于H桥
电路的芯片，H桥电路是一个可以驱动直流电动机正反向
转动的经典电路，其原理如图6.8所示。

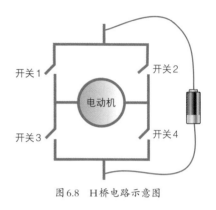

图6.8　H桥电路示意图

　　图6.8所示的电路就像一个字母H，所以它被叫作H
桥电路。在图6.8中，如果开关1和开关4闭合，另外两
个开关断开，则电动机左边连接到电池正电压端，电动机右边连接到电池负电压端。相反，如果
开关2和开关3闭合，另外两个开关断开，则电动机左边连接到电池负电压端，电动机右边连
接到电池正电压端。这些开关的不同状态是可以由Arduino的3个控制信号的不同组合来实现
的（详情请参考本章的"探索与发现"小节）。这样我们就方便地用一个直流电压源产生交流的
效果。

　　有了Arduino、L298N驱动板，再加上一个直流可调电源，我们可以把产生交变磁场的电路
示意图画出来（见图6.9）。写好程序，通电，把陀螺攥在手中靠近电磁铁，如果能够感受到震
动，表明磁场的确在来回变化。那么要产生什么频率的交变磁场呢？这倒没有很明确的限制。我
的实践表明大约30Hz的交变磁场是可以工作的，读者也可以尝试其他的频率。在实验过程中，
首先通电，然后手动旋转陀螺，使得它在电磁铁附近旋转，一般手动旋转陀螺的频率都远远高于
30Hz。渐渐地陀螺转速衰减，当它和磁场变化的频率一致时，它就被"锁频"了，并保持这个频
率稳定地一直旋转下去。

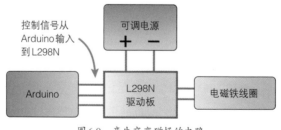

图6.9　产生交变磁场的电路

　　现在是时候揭晓易拉罐的底的作用了，"当当当当"，请看图6.10。原来易拉罐的底提供了一
个非常高科技的"势井"，旋转的陀螺就束缚在里面，而不至于在一个平面上随意游走。这样它
和电磁铁就能保持着不即不离的关系，它能感受到比较恒定的磁场力，也不至于被电磁铁吸附。

图6.10　旋转中的无刷电动机

探索与发现

因为本书中还有几个制作需要使用Arduino和L298N驱动板，在本节中我们将介绍一下它们的使用方法，首先我们从介绍Arduino开始。

Arduino（见图6.11）是一种源自意大利的单片机开发板，是意大利一位大学教授为了更好地教授电子技术课程而设计的。从硬件上来说，它其实只是给单片机（图6.11中的黑色长方形芯片）添加了一些最基本的外围电路，如晶体振荡器、稳压芯片等，所以并不复杂。主要是它有一个免费的编程软件和一套自己的编程语言（类似于C语言），单片机的编程被大大简化了。一般的单片机编程需要了解各种底层寄存器的作用，每次写程序之前要先为这些寄存器赋值，对于刚入门的人来说的确有些麻烦。而Arduino的编程软件已经处理好了这些问题，使得它非常容易上手，因此它风靡全球，也产生了许多不同种类的Arduino，如图6.11所示的就是其系列中的Arduino Duemilanove型号。各种型号的Arduino大同小异，有的只不过是采用的单片机芯片稍有不同，但是编程方式都是一样的。

图6.11　一块Arduino

下页中展示的就是本章中用到的程序。

这个程序看起来很简短吧！但是你暂时可能还不太清楚里面语句的意思，让我们先看看L298N驱动板的使用方法。看完使用方法，你就能理解这个程序是什么意思了。在图6.12中展示了L298N驱动板。

在图6.12中标注了一些L298N驱动板的输入和输出端口，其中，VMS和GND分别连接电源的正负极；EnB、In3和In4连接从Arduino输送过来的信号；输出到电动机两端的接口则产生电压

驱动电动机转动（在本章中是驱动线圈产
生交变的电磁场），由于产生的电压是交变
的，所以无所谓正负极。这块板子的核心芯
片是图6.12中央加着散热片的"大个子"，
它的基本结构见图6.13。

从图6.13中可以看出，实际上它是两个
完全相同的H桥电路，所以可以控制两个
电动机。我们这里只需要控制一个线圈，所
以只用到了L298N驱动板功能的一半。把

```
void setup( )                          digitalWrite(8, LOW);
{                                      digitalWrite(9, HIGH);
  pinMode(8, OUTPUT);                  digitalWrite(11, HIGH);
  pinMode(9, OUTPUT);                  delay(15);
  pinMode(11, OUTPUT);                 digitalWrite(8, HIGH);
}                                      digitalWrite(9, LOW);
                                       digitalWrite(11, HIGH);
void loop( )                           delay(15);
{                                      }
```

图6.13从中间"劈开"，我们只关注右边那一半，可以看到输入端In4、In3和 EnB。也可以看到
输出端OUT3和OUT4，它们就是图6.12里面的输出到电动机两端的接口。3个输入端通过与门

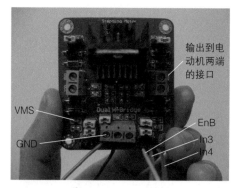

图 6.12　L298N 驱动板

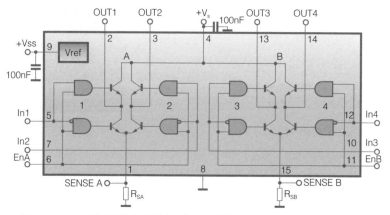

图 6.13　L298N 驱动板基本原理（取自ST半导体公司L298N驱动板数据手册）

两两相连，对H桥电路的4个"开关"，即此处的4个三极管进行控制。注意到EnB连接了4个与门，这表明如果EnB被设置成低电压（即0V），则所有与门的输出都变成了零（与门相当于"作乘法"，只要它的一个输入端的输入为零，则输出为零）。这样，所有的三极管都切断了，从而没有电压输出到电动机两端。所以EnB又叫作B电机的使能端，要想让电动机转动，EnB的输入应是高电压（5V），而如果要控制电动机正转或者反转，则靠的是另外两个输入端。当EnB的输入为高电压，同时In3的输入为高电压，In4的输入为低电压，则4个与门中的左上角者输出高电压，所连接的三极管导通，左下角In3通过反相进入与门（注意在它和与门相接处有一个小圆圈，这表示反相，即In3的输入为高电压时，进入这个与门的是低电压），从而导致这个与门的输出为低电压，所连接的三极管切断。同理分析，右上角与门的输出为低电压，三极管切断；右下角与门输出为高电压，所连接的三极管导通。这样一来，OUT3连接到了高电压，OUT4连接到了低电压。容易得知，如果In3的输入为低电压，In4的输入为高电压，则OUT3连接到了低电压，OUT4连接到了高电压。这就实现了控制电动机的正反转动，或控制电流在线圈中的正反流动。

了解了这些，我们再来看看前面的程序。首先，void setup()那一段只不过是定义一些输出端口，这是Arduino编程的例行公事。而void loop()那一段是真正产生控制信号的程序。我把Arduino的输出端口8和输出端口9连接到了L298N驱动板的In3和In4，用来控制线圈中的电流流动方向；Arduino的输出端口11连接到了L298N驱动板的EnB，这样这段程序就很容易理解了。首先让In3的输入为高电压，In4的输入为低电压，EnB的输入为高电压，让电流朝一个方向流动；接下来的delay(15)表示电路保持这个状态15ms，然后让电流反向流动。这样在电磁铁中产生的磁场的一个变换周期大概为（15+15+x）ms，即30多ms。不是精确的30ms是因为执行程序中其他语句也需要时间。这样磁场变化的频率便大约为30Hz了。如果想要改变磁场变化的频率，通过修改delay()可以很方便地实现。

Arduino和L298N驱动板是非常有用的电路板，读者朋友如果通过本章的制作熟悉了它们，在以后的实验中它们会起到很大的作用。

逆磁悬浮

7

一分钟简介

" 本章将介绍磁悬浮的基本原理，并着重介绍用逆磁性材料实现的逆磁悬浮。通过本章，你将了解如何用简单的逆磁性材料如铅笔芯，以及强磁铁来实现逆磁悬浮。本章还将介绍逆磁悬浮方面的一些高科技成果，例如，如何把一只青蛙悬浮起来等。 "

闲话基本原理

2010年诺贝尔物理学奖得主之一，拥有荷兰和英国双国籍的俄裔物理学家安德烈·海姆先生是个有趣的人。他是一位很典型的俄罗斯大汉，稍胖而仍显干练的身躯足以抵御西伯利亚的冰天雪地，说英语时音调较低，语速较慢，带着"河北"口音（他生长在黄河以北的俄罗斯）。以前我在美国的亚利桑那大学物理系勒罗伊教授门下学习的时候，我们和他有过研究上的合作。我见过他写给勒罗伊教授的信，英文手写体工整有力，这也许是因为他常年生活在传统气息浓郁的英国。而在美国，年轻一代很少有人的英文手写体具有审美价值了。有意思的是，后来我选修一门课，老师也是一位胖胖的、语速较慢的俄裔物理学家，他以前念研究生时是海姆先生的同屋室友，他说海姆先生并不是很聪明（原话是"He was not bright"），所以大家如果觉得自己不够天才，也不要放弃科学研究。我觉得他的说法是有道理的，他是一位博学的理论物理学家，而海姆先生是一位实验物理学家。大家如果看过情景喜剧《生活大爆炸》就会知道，在物理学界的理论家（如剧中的谢尔登）眼中，实验物理学家（如剧中的伦纳德）只不过是实现理论物理学家的预言的"干粗活"的人。所以他认为海姆先生不够聪明也是正常的，他认为如果足够聪明也应该去研究物理理论了。对于这种看法，实验物理学家们通常也不以为然，有时候会开玩笑地说理论物理学家们在看到铁和铝时都区分不了，神韵上和2000年前那位嘲笑孔夫子"四体不勤，五谷不分"的老农有些相似了。

闲话少说，书归正传。前面介绍海姆先生并不是因为他获得了2010年的诺贝尔奖，而是因为2000年他和著名的理论物理学家迈克尔·贝里先生一起获得了搞笑诺贝尔奖。这个奖每年授予世界上在自然科学、和平和经济领域中具有杰出且搞笑成果的人们（大多是正经的学者）。获奖的成果首先要使人发笑，然后要引人深思，所以是非常有难度的。那么海姆和贝里两位先生当年具有什么成果可以获此殊荣呢？这便是与本章相关的内容——他们用强磁场把一只青蛙浮在了半空中！

在海姆先生的获奖感言里[1]，他详细地叙述了自己做这个实验的前因后果。我觉得这无论是对于科学家还是非科学家都是很有意思的一个故事，于是我把它加以整理写在了下面。

---

[1] 请见贝里教授的校方官网。其中有一段叫作 How I ended up levitating frogs（我最终是如何悬浮青蛙的）。

海姆先生当时的研究工作是关于各种物质在强磁场下的反应，除了完成正经八百的研究外，每个星期五，在他的实验室里都会有一个"疯狂物理实验之夜"，他们会尝试各种看起来很不靠谱的实验点子。比如研究为什么壁虎可以趴在墙上而不掉下来；研究能不能用一根透明胶带不停地分离石墨，直到仅剩下一层原子等，当然多数疯狂实验都没有成功，但是也有极少数的几个成功了。刚刚提到的对壁虎的研究使得他们发明了一种壁虎胶带，可以很牢固地吸附在各种复杂的物体表面上，而关于石墨的研究使得他们获得了2010年的正牌诺贝尔物理学奖。了解了这些，他们的悬浮青蛙实验就显得再正常不过了。

强磁场物理学的研究一般需要冷却到极低的温度，一般是零下270℃左右。我们知道零下273℃是所谓的绝对零度，即自然界物质的温度不可能比这个温度更低了，可见零下270℃也是一个不容易达到的温度，这样就使得强磁场下的物理现象只能在实验室里被极少数科学家欣赏。海姆先生是一位有着"独乐乐，不如众乐乐"思想的人，所以他想找到一种可以在室温下演示的强磁场下的物理现象，这样大家便都能感受到科学的魅力了。为此他处处留意这方面的文献，平时也常常思考这个问题。1996年前后，他读到一篇由日本科学家写的文章，观察到了一种叫作"摩西效应"的现象：如果在一小盆水底下放置极强的磁场（10T以上），盆中的水会分开到盆的边缘，盆的中间位于强磁场上方的部分是没有水的（见图7.1）。

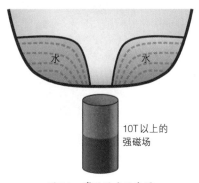

图7.1　摩西效应示意图

这个实验让海姆先生很激动，这不正是他一直想找的那种在室温下就能演示的强磁场下的物理现象吗！由于在日本科学家的文章中并没有解释为什么会有这种效应，所以他决定自己试一试。当时，在他工作的强磁场实验室中有一台类似于导电螺线管的强磁装置，于是他舀了一勺水，小心地倒进能产生20T强磁场的螺线管。此时他也不知道会发生什么情况，结果是非常令人震惊的，这一勺水悬浮在了螺线管内，形成了一个完美的小球，就像在没有重力的太空中一样！图7.2是从上往下俯视螺线管口拍摄的一张照片，中间偏右的那个小球就是水珠。

这真是太神奇了！海姆先生按捺住激动的心情，以科学家的本能开始思考现象背后更深层的原理。究竟是什么力量把这颗水珠浮在了空中呢？他和几个同事讨论和计算了10min左右，终于明白了，这力来自于水的逆磁性（我们在第5章中讨论过）。当外加磁场足够强时，微弱的逆磁力也足以平衡水的重力，而让它悬浮在空中。

确信自己理解了这个实验现象的原理，海姆先生才手舞足蹈地跑出实验室，拉住楼道里的同事们说："我用磁场把水珠浮在了空中！"接下来的一个多星期，在他的实验室里"游客"络绎不绝。这些整天与前沿高科技打交道的物理学家们看到这一幕，无不惊叹。

海姆先生意识到，逆磁材料的悬浮即使对于见多识广的前沿科学家们来说，也是一个非常新鲜的事情，那么它肯定会受到大众的欢迎，成为一个传播科学的极佳实验。海姆先生想让这个实验更加引人入胜，他尝试悬浮除水以外的逆磁性物质（含水分比较多的物质），包括草莓、坚果、奶酪、比萨饼等。一两年内，经过许多次的尝试和失败以后，有一天他从生物实验室中找来了一只青蛙，这便是那只"名垂蛙史"的青蛙，它代表青蛙界第一次在地球表面感受到了真正的微重力环境，享受了航天员才有的待遇（见图7.3）。如果你访问图7.2中提到的网站，你还可以看到这只青蛙在空中"翱翔"的视频。

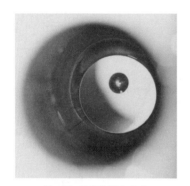

图7.2　水珠悬浮在空中

图7.3　青蛙悬浮在空中

但是事情的真相远比海姆先生所理解的要复杂。直到不久后的一天，著名英国理论物理学家迈克尔·贝里[1]先生找到海姆先生，在和贝里先生讨论这个实验的时候，海姆先生才开始明白这其中蕴含的更深一层的精妙之处。这更深一层的精妙之处起源于一个大家都很熟悉的现象，如我们有两块小磁铁，如图7.4所示，用手将一块磁铁放在另一块磁铁上面，当两块磁铁靠近时我们能感受到很大的排斥力，这个力可以远远大于上面那块小磁铁的自身重量。但是空中的小磁铁总是不愿意老实在原地待着，它像脚底抹了油一样试图向两边开溜，等一放手，它就翻个身和下面的磁铁紧紧吸附在一起。

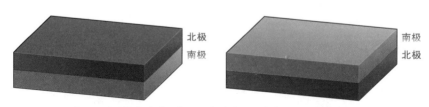

图7.4　生活中常见的现象，一块磁铁无法悬浮于另一块磁铁之上

---

[1] 贝里先生很有可能在不久的将来，继海姆先生之后，成为同时获得正牌诺贝尔物理学奖和搞笑诺贝尔奖的第二人。

从第5章我们知道，外加磁场会在逆磁体（如悬浮在空中的小水滴）中诱导产生一个磁场，与外磁场相反（见图7.5）。我们也可以把此时的逆磁体看作一个小磁铁，它和外来磁铁同极相对，就像图7.4一样。但是为什么这种情况下的小磁铁（即小水滴）能悬浮在空中，而图7.4中的小磁铁却不能呢？在贝里先生提出这个问题以后，海姆先生才意识到自己一直忽略了磁悬浮实验中的一个重要问题，那就是悬浮的稳定性是怎么实现的？看来有的时候，实验物理学家对于理论物理学家是不服不行啊！

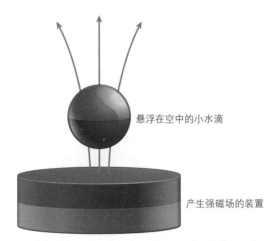

悬浮在空中的小水滴

产生强磁场的装置

图7.5　悬浮在空中的小水滴在外加磁场的诱导下变成了一个小磁铁

贝里先生给迷惑中的海姆先生解释了其中的来龙去脉。首先贝里先生介绍了一个定理——一块永磁体是永远无法被另外任意多块，任意摆放的永磁体悬浮在空中的。这便是恩绍定理，是由英国物理学家厄恩肖先生于100多年前提出和证明的，我们将在本章的"探索与发现"一节中予以证明。其关键结论就是，一块永磁体在恒定磁场中的势能只可能具有鞍点，而不可能具有最低点。换句话说，永磁体在恒定磁场中至少在某一个方向上是不稳定的。这句话粗听起来有些令人费解，不如看图来得明白，图7.6所示的小球所处的位置就是一个鞍点。小球相对于这个表面的重力势能等于mgH，其中H是表面上任一点的高度（即z坐标值）。所以小球的重力势能在空间中的分布就和这个表面的形状是一样的。图7.6中所示的小球所处的位置从左右方向上看是势能极小值，从前后方向上看是势能极大值，总的形状就像是一个马鞍。容易得知，小球在左右方向上是稳定的，如果你小心地把它往左推，它还是能滚回现在的位置。但是小球在前后方向上是不稳定的，因为只要稍微在前后方向上有点风吹草动，它就溜走了。这就是势能鞍点的特性，即至少一个方向上它是不稳定的。实际上，我们在图7.4中遇到的就是一个典型的势能鞍点。在竖直方向上，空中的磁铁处于势能最低点，在这个方向上它是稳定的。因为如果迫使它离地面上的磁铁更近，则会感受到更强大的排斥力而被推开；如果它离地面上的磁铁更远，则磁场力迅速减弱，不足以抵抗重力，从而被重力拉回来。但是在水平方向上，空中的磁铁处于势能最高点。这就是为什么我们感觉它像脚底抹了油一样总想向两边溜走，这是证明恩绍定理的一个极佳特例。从古至今有许许多多的人试图用多个奇形怪状的磁铁把一块小磁铁浮在空中，但都以失败告终，他们以实践证明着恩绍先生所提出定理的正确性。不得不说，虽然理论物理学家可能缺乏一双灵巧的手，但是他们使用短短的铅笔头写下的几行公式却揭示着最为普遍的真理。

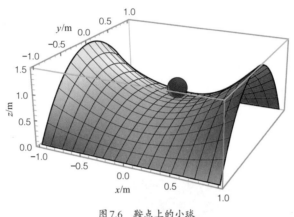

图7.6　鞍点上的小球

了解了恩绍定理，接下来看看，为什么水滴和青蛙可以稳定地"翱翔"在磁场之中，而不服从自然界的普遍规律呢？这其实是一个似是而非的问题，因为它们并没有破坏自然规律，只不过它们服从的不是恩绍定理。贝里先生告诉海姆先生，水滴和青蛙之所以能做到这一点是因为它们自身的磁场是外加磁场引导产生的，而图7.4中的小磁铁的磁场是自己固有的。所以对于水滴和青蛙来说，恩绍定理的前提条件"一块永磁体在外加恒定磁场中"就不满足了。通过计算表明，这种外加磁场引导产生磁性的物质，其势能可以在x、y、z 3个方向上都达到最低点，就像一个圆碗的底一样，从而位于其中的青蛙就处于稳定平衡状态了。关于计算的细节，我们将在本章的"探索与发现"小节中披露。

至此，海姆先生完全明白了这个实验的精妙与深远。用贝里先生的话说，这个实验就像是象棋，无论是业余爱好者还是职业大师，都能体会到其中不同层次的乐趣。

读到此，你可能非常希望能亲眼一见海姆先生的实验吧！不幸的是，他所使用的20T以上的强磁场在整个地球上也只有少数几个大型实验室拥有。其中中国科学院合肥物质科学研究院强磁场科学中心（位于中国科技大学）和位于武汉的华中科技大学国家脉冲强磁场科学中心就是其中的两家。所以海姆先生最初的把室温下的强磁现象呈现给普通老百姓的愿望实际上并没有完全实现。但是幸运的是，我们也可以用强度稍弱的钕铁硼磁铁来实现物美价廉的磁悬浮。那还等什么，一起动手吧！

动手实践

首先，我们来看如何让一根铅笔芯悬浮在空中。

所需材料很简单，一根自动铅笔芯和边长为5mm左右的正方形钕铁硼磁铁若干，你将看到图7.7所示的神奇现象。

图7.7　铅笔芯在磁铁阵列表面的悬浮

是不是很震撼呢？材料如此简单，结果却如此出人意料。心急的读者肯定迫不及待地买回钕铁硼磁铁和铅笔芯，想要亲自尝试一下了，但是你的第一次尝试很有可能是失败的。因为这看似简单的现象，实际上也暗藏玄机。首先，这些四四方方的磁铁要怎么摆放在一起形成图7.7所示的阵列呢？把它们凑在一起的方式有许多种，而只有一种方式是可以产生铅笔芯的悬浮的。那就是图7.8所示的相邻磁铁南北极相反的棋盘式结构来摆放磁铁，而且其中的原因还颇为复杂。简而言之，只有这样排列的磁铁阵才能在竖直方向上产生足够大的排斥力，同时在水平方向上具有势能最低点。

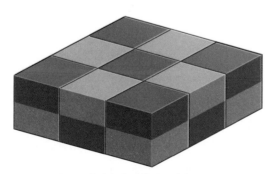

图7.8　南北极交错排列的棋盘式结构

其次，不是所有铅笔芯都能浮起来。据我的朋友测试，很多种国产铅笔芯不但不能悬浮，反而会被牢牢地吸附在磁铁上。据分析这是因为国产铅笔芯多含有黏土成分，其中的四氧化三铁与磁铁间的吸引力大过石墨与磁铁间的排斥力。有一种日本生产的派通铅笔芯（网上有卖）是磁悬浮爱好者可以选择的，派通生产的各种型号的铅笔芯都能顺利悬浮。最后，铅笔芯的长短也是很重要的，铅笔芯太短了也不能浮起来（见图7.9），与磁铁的排列一样，这也是一个颇为复杂的问题。因为一根悬浮在空中的铅笔芯各个部分所受的排斥力是不一样的。这个力既要平衡掉它的重力，又不能产生力矩使它旋转（如在图7.9中，最短的两根铅笔芯就是因为自身各处所受的排斥力不对称，在这个力矩的作用下铅笔芯产生旋转，导致铅笔芯一头碰着磁铁，另一头悬浮在空中）。总体来说，铅笔芯的悬浮容易实现，但是要深入探究它的稳定性，并不是一件容易的事情。如果有物理专业的读者朋友，可以把深入探究它的稳定性当作一个小课题来研究一下，研究成果足以在国际杂志上发表。

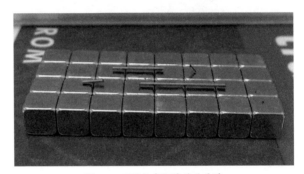

图7.9　不同长度铅笔芯的悬浮

上述实验虽然简单，但是深入的原理比较复杂。接下来的这个实验则恰好相反，它完成起来稍微麻烦一点，但是原理就简单多了。在上面的实验里，石墨是被悬浮的主角，而在下面的实验中，被悬浮的主角是一块小磁铁，石墨只是起到帮助它稳定的作用。

整个装置如图7.10所示，因为我当年在亚利桑那大学物理系学习的时候，可以很方便地使用电锯、车床、打孔机等工具，所以才得以制作这样一个看起来颇为"专业"的装置。与悬浮有关的重要部件在图7.10中用红色箭头标记，其中的大钕铁硼磁铁吸引着位于两块石墨之间的小钕铁硼磁铁（浮子）。大家可能都有过用一块大磁铁从桌面上吸起另一块小磁铁的经历，毫无疑问，这种情况下，磁铁间的相互吸引力足以平衡掉小磁铁的重力。而且在水平方向上，小磁铁是稳定的——用手把它向侧边推动一下，它还会回到大磁铁的正下方来，这表明它在水平方向上的势能最低点位于大磁铁的正下方。但是恩绍先生又来"捣乱"了，他的定理指出，至少在一个方向上小磁铁是不稳定的。果然，此时在竖直方向上它是不稳定的。我们拿大磁铁的手撤得再快也避免不了桌面上的小磁铁以迅雷不及掩耳之势被吸附到大磁铁上的命运。

那么如果我们能够想个法子，使得当小磁铁偏离平衡位置（即大磁铁对它的吸引力等于其重力的位置）"奔向"大磁铁时，向它施加一个向下的推力；当小磁铁偏离平衡位置远离大磁铁时，向它施加一个向上的推力，这样它就能老老实实待在平衡位置上了。要做这件事，人的反应速度是远远不够的，这时石墨就派上了用场。它的逆磁性告诉我们，小磁铁与它靠得越近，它就会对小磁铁产生一个越大的排斥力，这样把小磁铁夹在中间的两块石墨片就起到了稳定小磁铁的作用。当小磁铁试图靠近或远离平衡位置时，它也更靠近了上面或下面的石墨片，在石墨片中诱导出更强的反抗磁场，从而产生更大的排斥力把它推回平衡位置。图7.11展示了小磁铁悬浮的样子。

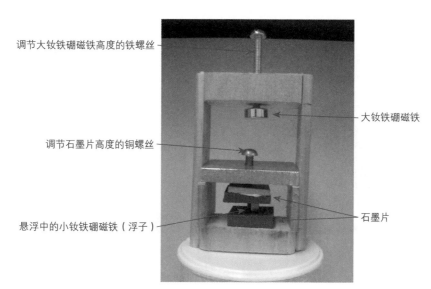

调节大钕铁硼磁铁高度的铁螺丝

大钕铁硼磁铁

调节石墨片高度的铜螺丝

石墨片

悬浮中的小钕铁硼磁铁（浮子）

图7.10　石墨稳定下的磁铁悬浮装置

你可能注意到了在图7.10所示的装置中有两个调节高度的螺丝，它们用于比较细致地调节石墨片的间隔，以及大小钕铁硼磁铁之间的距离。如果石墨片之间的距离过大，则逆磁效应产生的排斥力不足以稳定小钕铁硼磁铁。所以在调试的时候可以先使得石墨片之间的距离最小，只要稍微大于小钕铁硼磁铁的尺寸即可。观察到悬浮现象以后，可以慢慢增加石墨片之间的距离。大钕铁硼磁铁的强度越强，则悬浮越容易成功，而且石墨片之间的距离也可以更大。

图7.11　小磁铁悬浮在两块石墨之间

你读到此，可能既兴奋又难过，兴奋的是这个装置看起来很好玩，难过的是加工这些材料似乎不容易。其实不然，石墨片和大小钕铁硼磁铁都可以从网上买到，而如果没有工具加工支架和距离调节装置，完全可以用别的简陋一些的方法替代。如图7.12所示，上面那块石墨片由一个电子爱好者常用的万向焊接台夹住，可以手动调节它的高度，而大钕铁硼磁铁用另外一个焊接台夹住，也可以手动调节高度。虽然调试起来比调试图7.10中的装置更困难一些，但是只要稍加耐心，也是很容易成功的。

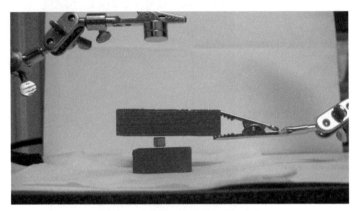

图7.12　简易版石墨稳定下的磁悬浮

探索与发现

在这一节中，我们先来看恩绍定理的证明。如果你没有学过麦克斯韦方程，这一部分内容可以暂且略过；如果你学过麦克斯韦方程但是早就还给老师了，这一段内容或许会唤醒一些或美好或痛苦的回忆。

我们的目标是证明一块小磁铁在外加恒定磁场下不具有势能最低点，而只可能具有鞍点。首先我们要写出小磁铁的势能表达式，假设小磁铁具有磁偶极矩$\vec{m}$，外加恒定磁场为$\vec{B}$，则小磁铁在磁场中的势能为：

$$E = -\vec{m} \cdot \vec{B}$$

这实际上是非常符合常识的，小磁铁在磁场中总是趋向于处于势能最低的位置。比如指南针的北极指向南方就是因为地表的磁力线是指向南方的（除了地球南北极外的大多数地方），这样$\vec{m} \cdot \vec{B}$为正且最大，从而势能为负且最小，指南针达到稳定状态。

通常，小磁铁的磁极指向一个固定的方向，假设是竖直方向z，则势能的表达式可以简化为：

$$E = -mB_z$$

因为磁偶极矩$\vec{m}$是一个常数，接下来的任务就是要证明B_z在空间中只具有鞍点，而不可能出现各个方向都是最小值的点。

记得在麦先生的方程组里有一个关于磁场的方程是：

$$\nabla \times \vec{B} = 0$$

这表示在没有自由电流的情况下，空间中磁场的旋度为零，由此我们很容易得到下面这个式子：

$$\nabla \times (\nabla \times \vec{B}) = 0$$

经过向量运算，我们得到：

$$\nabla \times (\nabla \times \vec{B}) = \nabla(\nabla \cdot \vec{B}) - \nabla^2\vec{B} = 0$$

由麦先生方程组的另外一个关于磁场的方程$\nabla \cdot \vec{B} = 0$（即磁场的散度为零，也可以说不存在像电荷一样的"磁荷"），我们得到：

$$\nabla \times (\nabla \times \vec{B}) = -\nabla^2\vec{B} = 0$$

因为它是一个向量方程，所以它实际上是由3个分量方程组成的，即：

$$\nabla^2 B_x = 0$$
$$\nabla^2 B_y = 0$$
$$\nabla^2 B_z = 0$$

啊哈！最后一个式子是什么意思？它的意思是，B_z在空间中只存在鞍点，不存在各个方向都是最小值的点，如果你还没有看明白，我们把它写成：

$$(\partial_x^2 + \partial_y^2 + \partial_z^2)B_z = 0$$

如果B_z在x方向上的某一点具有最小值，便得到$\partial_x B_z = 0$，并且$\partial_x^2 B_z > 0$。其中第一个条件告诉我们在这一点，B_z是极值，第二个条件告诉我们是极小值。但是由于$(\partial_x^2 + \partial_y^2 + \partial_z^2)B_z = 0$的要求，如果在这一点上，$\partial_x^2 B_z > 0$，则$\partial_y^2 B_z \sim \partial_z^2 B_z$中至少有一个是小于零的。这就表明此处$B_z$至少在$y$方向和$z$方向中的一个方向上是极大值。这不就证明了$B_z$在空间中只存在鞍点，而在空间中不存在各个方向上都是极小值的点吗？恩绍定理得证。

了解了恩绍定理，我们来看青蛙是如何不遵守这个规律的。青蛙含有大量水分，所以也是逆磁性物质，它在外加磁场$\vec{B}$的作用下，诱导出一个与之对抗的磁偶极矩$\vec{m} = -\gamma\vec{B}$，其中γ是一个比例常数，负号表示它的逆磁性。这样，青蛙在外加磁场下的势能可以写成：

$$E = -\vec{m} \cdot \vec{B} = \gamma\vec{B} \cdot \vec{B} = \gamma\vec{B}^2$$

很显然，这里青蛙的磁场势能与磁场的某一个分量成正比，而是与磁场的总强度（的平方）成正比，磁场的总强度$B = \sqrt{B_x^2 + B_y^2 + B_z^2}$。开始证明了磁场的某一个分量在空间中只存在鞍点，但是这并不意味着磁场的总强度（磁场的标量强度）在空间中不存在各个方向上的分量都是极小值的情况。实际上，铅笔芯悬浮的时候就是通过调整磁铁阵列中的磁铁排列，使得在空间中存在这样的势能最低的位置。在海姆先生的青蛙悬浮装置中也恰好有这样一个位置。

看到这儿，针对逆磁悬浮，你应该透过热闹看到了门道吧？你或许想过，除了演示这样一个有趣的科学现象外，逆磁悬浮有没有什么实际用途呢？实际上它的用处可不少。最重要的用途是在地表创造出太空中才有的微重力环境，这样的环境对于生长完美对称的晶体非常有利，因此它受到材料学家们的关注。我曾看到过一个新闻，2009年，美国国家航空航天局的科学家们把一只小老鼠用强磁场浮在了空中。当然他们不是为了重复海姆先生的实验，而是想通过研究老鼠在微重力环境下的骨骼钙质流失等现象，来寻求解决航天员在太空中遇到的一些问题（因为老鼠和人在生理上有许多相似之处）。这可比用火箭把航天员送到太空中再进行研究要物美价廉得多！

这位说了，要研究无重力下的人体反应有个更简单的办法，把航天员派到死海里进行训练不就行了吗，那里水的浮力足以完全平衡掉人体的重力。确实，各国航天员的训练中，有一个科目就是穿着笨重的航天服在水底进行训练，以适应微重力环境。但是这种环境与真正的微重力环境有一个重要的区别，那就是在太空中，人体内的每一个细胞单独拿出来都是几乎不受重力的；在水下训练中，只不过是人体外表受到了来自水的浮力，平衡掉了身体的重量，而身体内的每一个细胞还是会受到同样的重力及细胞周围组织对它的支撑力，这和人站在地表上没有本质区别。所以在水下待再长的时间也不会出现航天员的骨骼钙质流失那样的问题。但是，逆磁悬浮就不一样了，因为老鼠体内的每一个细胞都含有大量的水，而且大致上水含量相当，这样每个细胞都会感受到外加磁场的排斥力，平衡掉自身的重力。所以老鼠的骨骼不再需要支撑肌肉的重量，就会出现航天员在太空中所经历的骨骼钙质流失的现象了。

逆磁悬浮的另外一个重要应用前景就是磁悬浮列车。目前世界上运营的磁悬浮列车（如上海磁悬浮列车）都采用电磁铁加上复杂的电路控制（我将在后面的章节中制作一个这样的装置），建设成本巨大，不利于推广。而逆磁悬浮具有天生的稳定性，而且不需要耗电就能产生磁悬浮，用于列车轨道，将会大大减少成本。然而，你从第5章及本章的实验中看到了，逆磁效应是一种非常微弱的现象，除非在实验室中的强磁场内，否则它产生的推力是微乎其微的。有没有别的材料具有更大的逆磁性，从而可以悬浮很重的物体呢？有。在第5章"探索与发现"小节的表格里，你会发现最后一行赫然写着"超导体"。其逆磁效应比石墨、水等的逆磁效应强万倍。毫无疑问，超导体是制造磁悬浮列车的最佳材料。然而不幸的是，目前的超导材料还需要冷却到零下140℃左右才能变成超导状态，即使是地球上最冷的南北极也无法达到这个温度。图7.13展示了一个超导逆磁悬浮实验，悬浮在空中的是一块普通磁铁，它的下面放着一块黑色的超导体［钇钡铜氧（YBCO）超导体］，其超导转变温度是零下180℃左右。值得一提的是，它是由华人物理学家朱经武和吴茂昆率领的研究团队在1987年发现的。在这个材料合成以前，最高超导转变温度是零下240℃左右，钇钡铜氧超导体的发现，让科学界极为振奋。因为终于有一种材料可以在液氮环境下实现超导了（液氮温度为零下196℃）！液氮相对来说是一种非常便宜的冷却剂，目前一升只需人民币3~4元，可比汽油便宜！图7.13中，黑色的钇钡铜氧超导体就是浸没在液氮之中的，所以你才会看到它周围升腾的雾气，就像我们在一只刚刚从冰箱里拿出来的冰棒周围看到的雾气一样。图7.13中的镊子尖端上也凝结了一层雪花。

图7.13　超导逆磁悬浮

高温超导研究是目前物理学界中最大型的前沿研究之一，我们还没有一个完整的理论来解释高温超导现象，也不知道我们是否有可能实现室温超导。但是世界上有许许多多聪明勤奋的科学家倾注毕生的精力在奋斗，或许也会有读者将会从事这个方向的研究工作。或许在不太遥远的未来，我们就能够乘坐由超导体制成的磁悬浮列车，在距离地面十几厘米的地方以飞机的速度、火车的票价奔驰着，那个时候，我国的春运难题将有望得到解决了。

永远悬浮的陀螺

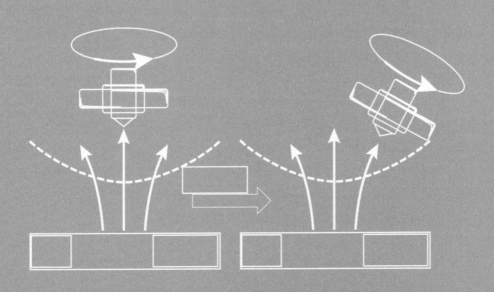

> 本章开始于一个非常好玩而且物美价廉的玩具：磁悬浮陀螺。我们将会解密陀螺稳定悬浮的真正原因。你将会看到，一个简单的玩具，包含了深刻的道理，如此深刻，以至于需要一位顶级物理学家写好几页纸才解释得清。如果你还在为陀螺悬浮了一两分钟以后终究会坠落而惋惜，我们将亲手制作一个简单的装置，使得它永远悬浮！

闲话基本原理

飞翔是人类亘古不变的梦想，在各个民族的神话故事里，远离凡间的仙人们总是腾云驾雾，翱翔天际。然而在神奇的万有引力作用下，地面上一切具有质量的物体都像砸到牛顿的苹果一样，离不开大地的束缚。当然，从整个宇宙的角度来看，如果只存在万有引力，各个星系将会由于互相吸引而越靠越近，最终天地大冲撞——那位被人嘲笑了千年的杞人终于在人类文明毁灭的前一秒被追认为伟大的预言家。然而天文学家们在1990年左右通过对超新星的观测表明，在宇宙中，除了万有引力外，还有一种神秘的排斥力。它如此强大，甚至超过了引力的影响，使得宇宙在不断地加速膨胀。2011年的诺贝尔物理学奖就授予了3位最早发现这一现象的天文学家。我们还搞不清引起这种排斥力的东西是什么，所以就把它叫作"暗能量"。

如果有一天能很便宜地"买"到暗能量，那么我们就能在铁轨上"铺"一层暗能量，也能在火车上"镀"一层暗能量，那么悬浮列车就变得容易实现了。但是这听起来比杞人忧天更不靠谱。我们从第7章所述的逆磁悬浮中已经了解到，磁性物质之间的排斥力如果运用得当，也可以产生悬浮。然而普通逆磁性材料产生的悬浮力非常有限，室温超导材料遥不可及，恩绍先生又早早地告诉我们强有力的永磁体无法实现稳定的悬浮。

1990年前后，当一个美国小镇上的发明"怪人"罗伊·哈里根先生尝试让一块磁铁稳定地悬浮在另外一块磁铁之上时，有物理学家告诫他这是在浪费时间，因为这违背了基本的物理规律——恩绍定理。但哈里根先生是一位自学成才的高中毕业生，对于那些通过大学物理课程才有可能学到的知识没有什么了解，所以物理学家们的好意提醒他根本没往心里去。当然，作为一个优秀的发明家，他了解曾经有很多人尝试过各种磁铁的组合，但都没能让一块小磁铁悬浮在空中，所以他不打算重蹈覆辙。但是为什么这些人会失败呢？他注意到，当一块小磁铁的某极靠近放在桌面上的另一块小磁铁的相同极时（见图7.4），空中的那块小磁铁会试图翻转，与桌面上的小磁铁从相互排斥变成相互吸引。如果解决了这个问题，空中的小磁铁就有望能够稳定悬浮了。

这个问题的解决方案也许现在看起来显得理所当然，但是不知道当年哈里根先生通过了多少次尝试才找到它。我们都知道旋转的陀螺可以直立不倒，这是因为陀螺的角动量守恒使得它试图维持最开始转动时的姿态。那么，如果我们把一块小磁铁镶嵌在一个陀螺里，当它旋转起来的时候就能够有效抵御它翻转的企图，一直阻碍磁铁稳定悬浮的难题应该就可以解决了。图8.1所示的便是我们现在能从网上买到的物美价廉的磁悬浮陀螺。玩过磁悬浮陀螺的朋友肯定了解，这看似简单的想

图8.1 陀螺悬浮在空中的情景

法要实践起来是非常困难的。首先在磁铁底座上旋转小陀螺就是要解决的第一个难题，因为，在磁铁底座上陀螺会感受到非常大的翻转力矩。当你掌握了旋转陀螺的秘籍后，小心翼翼地用图8.1中的透明塑料板将旋转中的陀螺抬高到悬浮位置。但是不管你多么小心，陀螺都极有可能从离底座四五厘米的地方腾空而起，你来不及庆祝，它又"飘然而去"。这时你要增加陀螺的重量（通过在陀螺转轴上放置圆形垫片），并根据陀螺飞离的方向来抬高底座的某一边（如图8.1中的底座右边的楔子就是用来稍微抬高底座右边。如果没有这块楔子，陀螺就会朝右边飞离平衡位置）。调试的过程需要耐心、观察力和判断力。当然，这一切努力的痛苦在陀螺成功悬浮后将会变成极大的喜悦，与对哈里根先生由衷的钦佩。《无线电》杂志曾经刊登过一篇文章[1]，教大家如何自己用两块磁铁来DIY一个类似的磁悬浮陀螺，那也是非常有趣的一个过程。

至此，你会觉得自己已经练成了独步天下的磁悬浮陀螺秘籍，然而，几天之后在你想给朋友展示这一奇观时，很有可能会发现原来的陀螺无法稳定悬浮了，即使底座没有移动，陀螺的重量也没有改变。不要着急，这是因为哪怕只有几摄氏度的气温变化也足以改变磁铁的强度（见第5章"说磁"）。如果天气变冷，那么磁铁变强，排斥力增大，所以就要增加陀螺的重量；如果天气变热，那么磁铁变弱，排斥力减小，所以就要减少陀螺的重量。

了解了这些，并勤加练习，你将终成一代"磁悬浮陀螺宗师"！但是，作为业余科学家，我们可能还是会有一些困惑——难道一本正经的恩绍先生就这么被击败了吗？旋转的陀螺的确不会翻转，但是它在平衡位置处的势能是如何由鞍点变成一个"碗底"的呢？（见第7章"逆磁悬浮"中关于恩绍定理的证明）。

这个问题其实并不简单，哈里根先生自己或许也不了解他的发明是如此的深刻。这一切的问题都得等到我们的老朋友，第6章中的主人公之一贝里教授在一篇著名的论文中给出解答，我们将在本章的"探索与发现"小节来了解其中到底有何奥妙。

当我们欣赏着神奇的磁悬浮陀螺时，慢慢地我们能感受到它的转速减慢（与空气的摩擦消耗了陀螺的转动能量），它开始在空中摇摆。几分钟之后，终于"啪"的一声，眨眼间，它完成翻

[1] 王超，"不用电的悬浮陀螺"，《无线电》杂志2011年第11期。

转、降落等一系列高难度动作，与底座吸在了一起。精彩结束得太快了！有没有一种方法能让它的转速保持恒定，从而永远悬浮在空中呢？

幸运的是，这个方法不但存在，而且并不需要高科技设备，以我们这些业余科学家的经济实力也足以达成。说起来这个方法还真是巧妙[1]，如图8.2所示，我们在陀螺底座下面放了一个条形磁铁，这个磁铁产生的磁场比底座的磁场弱很多，但是由于陀螺悬浮在空中，即使是很弱的磁场也能对它的悬浮形态产生影响。如图8.2（左）所示，当条形磁铁的北极指向右边时，会使陀螺转轴微小地向左倾斜（同性相斥）；而如果把条形磁铁的南北极反向［见图8.2（右）］，则会使得陀螺转轴微小地向右倾斜（在图8.2中对陀螺转轴的倾斜程度进行了夸张）。如果我们能够让条形磁铁在底座下旋转起来，那么陀螺也会跟着转。实际上我们并不需要条形磁铁完成完整的旋转，而只需要如图8.2所示，让磁场的指向交替变换，足以驱动陀螺，使得它旋转的周期与磁场交变的周期一致[2]。这个操作可以很容易地通过一个电磁铁来实现，我们把一个电磁铁放在底座之下，用控制电路通入交变的电流，就形成了一个指向来回变换的磁场（类似的装置在第6章的无刷直流电动机中有用到）。通过电磁铁的驱动，小陀螺可以保持恒定的旋转速度，从而永远悬浮在空中。美国加利福尼亚州的一所大学的物理系就有一个这样的装置，它悬浮在空中的时间超过一年。后来加利福尼亚州发生了一次地震，导致该城市停电，陀螺才掉下来。

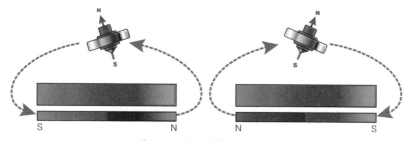

图 8.2　驱动磁悬浮陀螺的原理

这个装置是不是看起来很吸引人呢！让我们一起来制作一个吧！

动手实践

首先，我们来看产生交变磁场的装置（见图8.3），这个其貌不扬的东西实质就是一块电磁铁。在第6章中，我们使用的电磁铁是把漆包线缠绕在一根圆形的铁螺丝钉上，一般电磁铁都是这样

---

[1] 据我所知，类似的陀螺驱动方式最早出现于关于磁悬浮陀螺的经典文献：M.D. Simon，L.O. Heflinger，S.L. Ridgway. Spin stabilized magnetic levitation [J]. American Journal of Physics，1997，65(4)：286–292.

[2] 请读者朋友注意，在本章的"动手实践"小节中我们将看到这个陀螺驱动装置的原理比上面所描述的更复杂，并且是一个值得深入研究的未解之谜。

的形状。但是，因为在本制作中，我们需要把电磁铁放置在磁铁底座之下，所以应因地制宜地采用扁平的电磁铁。

图8.3 产生交变磁场的电磁铁

这个电磁铁的制作并不难。把直径约为1mm的漆包线紧密缠绕在一块边长与磁铁底座相当的铁片（图8.3选用的是一块约为10cm×15cm的铁片）上即可，图8.3中的电磁铁的漆包线绕了3层。说起来这块铁片与我真是有缘，当时想要制作一个这样的装置，我就开始在亚利桑那大学物理楼里的边角余料堆里翻来翻去。物理系几十年来积累了许多宝贝（在外人看来是一堆破铜烂铁），有各种尺寸的木、铜、铁、铝材，也有从核反应堆里弄来的1m长的巨型石墨条，还有古老的在飞机上用来配重的大铅块（据说古老的飞机在空中飞行时随着油箱内燃油的减少，要通过移动一大块铅疙瘩来保持平衡）。我在寻觅的同时也有些犯愁，毕竟切割铁板是一件不容易的事情，铁比铝和铜都要硬得多。此时，恰好有一块小铁片映入我的眼中，测量了一下它的尺寸，正合适！我非常高兴，如获至宝。这便是图8.3里的那块铁片。读者朋友可以从网上商城或者五金商店中买到小铁片，价格不贵。说这段往事的目的是想告诉大家，业余科学家必备的一个爱好就是搜集破铜烂铁。生活中的一些没用的瓶瓶罐罐、螺钉、螺帽、坏掉的电子设备等我都保存下来了，日积月累，等到以后有什么制作的想法，需要某些材料时，这些就变成了宝贵的财富。

控制电磁铁产生交变磁场的电路与第6章中的无刷直流电动机电路是一样的，也是通过Arduino和L298N驱动板来控制电磁铁中的电流。甚至交变磁场的频率和Arduino的控制程序都可以照搬第6章。

电路连接好以后，就可以把电磁铁放在底座之下了，如图8.4所示。为清楚起见，图8.4中的电磁铁并未被直接放在底座之下，在实际使用时它应位于底座正下方。我们注意到，此时由于铁片对底座磁场的加强（在第5章"说磁"中我们已经知道，在外加磁场下，铁磁体会变成一个很强的磁铁，从而增加外加磁场的强度），我们需要为陀螺增加很多重量才能保持陀螺悬浮稳定。在通电之前，首先要通过调整陀螺重量、底座的倾角来确保陀螺可以稳定悬浮。有时候，即使把所有的垫片都加到陀螺上，它还是轻易地飞离了，这表明铁片加强后的磁场过于强大。如图8.4所示，我们可以在底座和电磁铁之间加入一两本薄的杂志或纸壳，这样就能减小磁场强度了，同样，确定应加入多厚的杂志或者纸壳也是一个尝试和调整的过程。

图8.4   电磁铁位于底座之下

如果在这种条件下陀螺能达到稳定悬浮，那就完成了第一步。第二步就是接通电源，慢慢地增加给L298N驱动板的供电电压，然后用手把陀螺放在它能稳定悬浮的位置上，如果能感受到振动，那就表明磁场起作用了。此时再尝试把陀螺悬浮起来，就像第6章的无刷直流电动机那样，刚开始，陀螺的旋转频率远高于30Hz，慢慢地，由于空气摩擦，陀螺的旋转开始衰减。当它的转速和驱动磁场的交变频率接近时，就能看到悬浮的陀螺左右摇晃得厉害，远比没有交变磁场时要剧烈。但是不要担心，这是交变磁场对陀螺进行锁频的过程。如果锁频成功，陀螺就能永远保持固定的转速以悬浮在空中了。图8.5就展示了一个长时间稳定悬浮的陀螺，经过约20min，它还在空中自由快乐地转动着。需要注意的是，如果电路使用时间很长，L298N驱动板有可能会变得很烫，所以即使陀螺可以无限稳定悬浮，也要随时注意L298N驱动板、电磁铁和电压源等大功率部件的温度。用手试探时要小心烫伤。

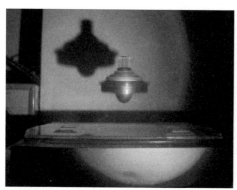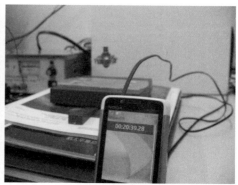

图8.5   锁频以后的陀螺（左图通过灯光的照耀显得更加奇妙。右图显示在约20min之后陀螺依然悬浮）

其实，关于这个陀螺驱动装置的原理，如果要深入研究，也并不是图8.2所描述的那么简单。细心的读者可能会发现，根据图8.2的理论，交变磁场驱动陀螺的转轴摇摆，但是它并不会直接驱动陀螺绕转轴转动。用物理学的术语说，交变磁场引起了陀螺的"进动"，而真正决定陀螺能够稳定悬浮的是它绕自身转轴的转动。所以在外加磁场的驱动下，有可能出现的结果是陀螺的转轴以交变磁场的频率"摇头晃脑"，但是它绕自身转轴转动的转速由于受到空气的阻力会变得越来越

图8.6　用于研究陀螺转速的装置

慢。当然这并不是实验所观察到的结果，在实验中，陀螺绕自身转轴转动的转速的确能够保持一个恒定值。这表明陀螺的进动和转动通过某种方式联系在了一起，所以驱动磁场的能量能够转化为陀螺绕自身转轴转动的能量。为了研究陀螺绕自身转轴转动的频率与交变磁场的频率之间的关系，我在磁悬浮陀螺上加了一个低调奢华的装置，以便实时监控它的转速，如图8.6所示。

其实制作这个低调奢华的装置就是剪出一块环形的纸片，用双面胶将纸片粘贴在陀螺上，然后利用图8.7所示的装置来测量陀螺的转速。从图8.7中容易看出，悬浮的陀螺旋转时，有的时候它身上所粘贴的纸片会阻挡激光到达下面的光敏电阻，此时光敏电阻的阻值剧增，使得陀螺两边的电压升高；而当陀螺身上的纸片转离激光光路时，下面的光敏电阻被激光照射，电阻值锐减，使得陀螺两边的电压降低。这个电压的一个起伏周期就代表了陀螺旋转一周。将这个信号送入Arduino进行ADC（模数转换，即模拟信号到数字信号的转换），并通过串口输出到计算机中，这样我们就能记录下陀螺旋转的频率了。注意，在图8.7中，普通电阻的阻值可以与光敏电阻在没有激光照射时的阻值相当。所以在没有激光照射时，光敏电阻两端电压为电池电压的1/2；在有激光照射时，光敏电阻两端的电压很小。在实际搭建这个电路时，并不需要图8.7所示的一个额外的电池，而是可以直接从Arduino的+5V接口或+3.3V接口和GND接口引出。这样选择阻值，可以使电路中的电流值比较小，减少能耗，同时也得到比较大的电压起伏。因为加了驱动磁场的陀螺可以悬浮很长时间，所以可以等它实现稳定悬浮以后，小心地将这些频率测量装置放置调整到位。光敏电阻部分的电路可以用透明胶带粘在底座上；悬挂激光二极管可以用一个万向焊接台。要注意一般这种焊接台都是铁制作的，所以应尽量在竖直方向上远离悬浮的陀螺，避免影响它的平衡。

我通过Arduino的函数Serial.println()来把Arduino读取到的电压值输送到计算机端的Serial Monitor中，然后我们可以将这些数据复制到一个文本文件里，用Microsoft Excel软件进行分析。下面就是这个简单的Arduino程序。

注意，我设置了一个运行1000次的for循环，在i计数到1000以后就不再向计算机输出读数了。如果不这样设置，那么计算机端的Serial Monitor就会不断地接收数据，并不断地向下翻页，不方便将其中的数据复制到文本文件中去。

```
int sensorvalue = 0;              {
int i=0;                          for(; i<1000; i++)
void setup()                      {sensorvalue = analogRead(A0);
{                                 Serial.println(sensorvalue);
Serial.begin(9600);               }
}                                 }
void loop()
```

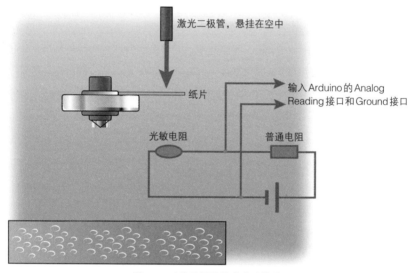

图8.7　测量陀螺旋转速度的装置

　　图8.8展示了这个陀螺测速装置传给计算机的1000个数据中的一小部分（60个数据），其中，纵轴是Arduino输出电压值，即输出到计算机中的数值。注意到Arduino具有10位的模−数转换器，这意味着当输入Arduino的某个Analog Reading接口的电压为5V时，Arduino把它转换为数字1023，并输出到计算机端的Serial Monitor中。如果输入这个Analog Reading接口的电压为0V，Arduino把它转换为数字0，并输出到计算机端的Serial Monitor中。其他处于0~5V的电压根据公式$Y=1023\times(X/5)$进行计算，其中X表示输入Arduino的电压，Y表示经过ADC的数字。那么，图8.8表示Arduino测量到光敏电阻两端的最大电压值约为$5\times300/1023=1.47$（V），对应于激光被纸片遮住的时候；而光敏电阻两端的最小电压值约为$5\times25/1023=0.12$（V），对应于激光没有被纸片遮住，而是直接照射到光敏电阻上的时候。两个相邻的电压极大值对应着陀螺完成旋转一周。

　　如果仔细观察图8.8所示的数据波形，我们还能观察到一些有意思的现象。首先注意到数据曲线形成了一个个尖锐峰，类似于梳子一样的波形。理想情况下，要么激光照射到光敏电阻上，使得Arduino输出电压值较低（30V左右）；要么激光被纸片遮住，使得Arduino输出电压值较高

（300V 左右），所以我们期待看到的波形是非低即高的方波。但是为什么实验测量到的是尖锐波形呢？这是因为光敏电阻在被激光照射变成低电阻以后，即使从某时刻开始激光被遮住了，光敏电阻的阻值也在慢慢地上升，有一个所谓的"响应时间"，而不是立刻变成高电阻。如果陀螺的转动频率约为 30Hz，图 8.8 告诉我们这个响应时间大约是 10ms（因为两个峰之间大约为 30ms）。从半导体物理上看，这个现象起源于光敏电阻的导电机制。之所以它的电阻会在光照下变小，是因为光的能量被光敏电阻中的电子吸收，这些电子本来是老老实实地待在它们的原子核周围，不能参与导电的，吸收了光的能量以后，它们变得活跃起来，就能参与导电了（用物理学的术语说，这些电子从半导体的价带被激发到了导带，价带的电子不导电，导带的电子导电）。一旦没有了外来的光能量，这些活跃的电子就又"懒惰"了下来，不再参与导电（从导带回到了价带）。但是这个过程并不是整齐划一的，有些电子很快就会回到价带，而有些电子很慢才回到价带，这是一个热平衡的过程（也可以理解为一团很热的电子慢慢地冷却下来），所以导致光敏电阻的阻值在光照消失后只是慢慢地上升。

盯着图 8.8 的数据波形再看一会儿，你还可能会注意到，这些尖锐的波峰并不对称。光敏电阻两端的电压从 30V 慢慢地上升到 300V，但是它下降得很快，正所谓"学好不容易，学坏一出溜"。这是因为一旦纸片不再遮住激光，光敏电阻就接收到了高强度的光照，电阻中的电子很容易就吸收了光的能量，变得活跃起来。当然，这个过程不是瞬间完成的，但是电子吸收光能被加热的时间远远短于一团热电子冷却下来的时间，所以我们看到了图 8.8 中的不对称的波峰。

如果你觉得有些奇怪，好奇为什么我会注意到这些细微的东西，并且还能讲出几个貌似自圆其说的故事来，那可能是因为我有相关的知识储备吧！所谓内行看门道大概就是这样（虽然我只是稍微专业一点的业余科学家）。记得原来读爱因斯坦的故事，说到爱先生看到晚上天空会变黑，就提出了一个疑问，为什么到了夜里天空会变黑？我说这不是吃饱了撑的吗，没了太阳天空当然会变黑。但是继续往下读，发现爱先生可不是信口开河，因为如果宇宙是无限的，各处都有大致相同的恒星个数，那么从数学上容易证明，即使太阳下山了，我们的天空也会被这无数个恒星照亮，如同白昼，但是显然自古以来夜空就是黑的。这告诉我们什么呢？宇宙不是无限的！读到这里，我才拍案叫绝。我天天都见到黑夜，怎么就不能提出爱先生所提出的那样的问题呢？怎么就不能深入思考得出这么一个意义深远的结论呢？难免会产生自卑的感觉。但是，后来我慢慢地体会到，提出一个深刻的问题必定需要一个准备充分的头脑。爱先生十七八岁的时候不是也没有问过"夜空为什么会变黑"这样的问题吗？不是也觉得黑夜是理所当然的吗？所以我们不必懊恼于自己不能从看似普通的现象或者平淡的数据中发掘出深刻的内涵来，通过积累相关的知识，慢慢地，我们也能透过热闹看到大自然的门道。

闲话少说，书归正传，如果要从图 8.8 中得到一个陀螺转动频率的具体数值，我们还需要知道时间轴的单位是什么。由于 Arduino 程序的语句执行时间我们无从轻易得知，所以我们并不知道图

8.8中的相邻两个数据点之间的时间有多长（即我们不知道这个装置的采样率有多高），因此我们暂时无法得到一个具体的频率值。但是我们做这个实验的目的是要看陀螺的转动频率是否与驱动磁场的变化频率一致，所以我们并不需要知道采样率的绝对数值，而只要用同样的装置和同样的程序来测量磁场的变化频率，看看它与图8.8所示的结果是否一致即可。要测量磁场的强度，需要使用一种叫作霍尔（效应）传感器的元件（在"PID控制原理与实践"一章中将会对它进行详细的介绍，本章暂且略过），它是一种测量磁场强度的常用元件，能把电磁铁表面的磁场转换成电压值，输入Arduino进行模拟信号的数字化，然后输出到计算机端的Serial Monitor中。图8.9所示的就是这样测量得到的1000个数据中的60个数据。之所以在本章中不对霍尔（效应）传感器的测量过程进行详细介绍，是因为我们也可以非常简单地测量输入L298N驱动板的控制信号的频率，它直接对应于电磁铁中电流的变化频率，当然也就等于磁场交变的频率。我对此也进行了测量，验证了它与用霍尔传感器直接测量的磁场交变频率是一致的。但是，在图8.9中，我还是展示了用霍尔（效应）传感器测量到的磁场数据，是为了给大家一个更为直接和令人信服的结果。我是

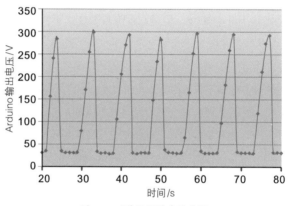

图8.8　测量陀螺转速的数据

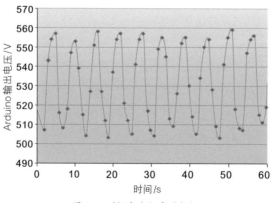

图8.9　磁场交变频率的数据

一个严谨的业余科学家。另外，注意到图8.9中的数据波形是由一些比较对称的峰组成的，这表明霍尔（效应）传感器的响应时间是比较快的，远远大于光敏电阻。

因为使用了相同的测量装置和Arduino程序，采集图8.9中的60个数据点和图8.8中的60个数据点所用的时间应该是一样的，那么，令人惊讶的结果出现了。图8.9表明在采集这60个数据点的时间里，磁场变化了10个周期，而图8.8表明陀螺转动了7个周期！也就是说陀螺的转动频率和磁场驱动的频率并不一致！这是为什么呢？

关于这个问题，我也没有研究清楚。毫无疑问，它明确地告诉我们，正如图8.2所示的那样，交变磁场只能直接影响陀螺转轴的进动，并不直接决定陀螺绕自身转轴转动的转动频率。但是通过某种方式，陀螺的进动和转动相互影响（耦合），我们才得以通过交变磁场使陀螺保持了一个恒定的转动频率（虽然并不直接等于磁场频率）。有兴趣的读者朋友在完成这个制作以后，可以开展更为深入的研究，如测量陀螺进动频率，虽然这个量的测量要困难一些，需要读者设计一个新的测量方式，但是我想在这个探索的过程中肯定会有很多令人惊喜的收获。

探索与发现

在这一小节中，我们暂且把陀螺驱动装置中的一些谜团搁在一边，来探索一下磁悬浮陀螺本身的精妙之处。

读过本书第7章"逆磁悬浮"的朋友应该记得，恩绍定理告诉我们一个永磁体在外加恒定磁场中，不具有势能最低点，而只可能具有势能鞍点。我们在第7章的"探索与发现"小节中还给出了这个定理的证明，那么这个定理是不是在磁悬浮陀螺这儿就失效了呢？非也。

首先，假设旋转的陀螺由于角动量守恒的确不会被底座磁场翻过来，从而一直保持磁极竖直状态（见图8.10）。假设陀螺的磁偶极矩为$\vec{m}$，底座磁场为$\vec{B}$，则陀螺的磁场势能为：

$$E = -\vec{m} \cdot \vec{B} = mB_z$$

第二个等号的得到是由于陀螺一直保持竖直状态，所以它只有z方向（竖直方向）上的分量；而且它指向$-z$方向（竖直向下），所以抵消了前面的负号。这个势能的表达式与第7章证明恩绍定理时得到的势能表达式只相差一个负号，但是这并不会改变势能只具有鞍点的事实，因为它的势能还是与B_z成正比，第7章证明了B_z在空间中只存在鞍点，而不存在在各个方向上都是最小值的点。所以即使陀螺在拼命旋转，也改变不了它试图朝两边"溜出去"的想法，因为在水平方向上，它依然处于势能最高点（图8.10中的灰色虚线画出了陀螺在水平方向上的势能）。

但是，显然，通过某种机制，陀螺抵挡住了向两边"开溜"的诱惑，也就是说，通过某种机制，它的势能已经不再是$E = mB_z$。贝里先生在他的著名论文"The levitronTM: an adiabatic trap for spins"[1]中解释了这个现象。为了方便喜欢深入研究的读者理解这篇论文，我把其中关键的想法写在下面。

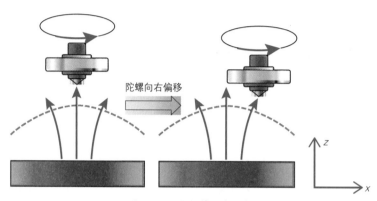

图8.10　陀螺保持竖直状态

我们假设受到某种扰动，陀螺稍微向右边移动了一点点，如果陀螺还是保持着竖直向上的，那么它将像稍微偏离山顶的小球，义无反顾地继续向右边滑走了。然而，贝里先生认识到陀螺并不是这么"倔强"的，因为它感受到了磁场对它的力矩，这个力矩无时无刻不在试图扭转它的转轴。当陀螺稍微向右移动时，它的转轴方向不再保持竖直向上，而是会随着磁力线的变化而改变。通过一些推导和近似处理，我们可以证明陀螺能非常好地跟随磁力线的变化，使其转轴方向和当地磁力线方向间的夹角始终保持一致。图8.11画出了这一过程的示意图（为了清楚起见，图中夸大了磁力线和陀螺的偏转幅度）。正是这个过程，使得陀螺在水平方向上的势能由一个"山顶"变成了"碗底"，如图8.11中的灰色虚线所示。

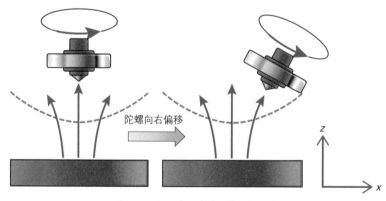

图8.11　陀螺稍微偏移竖直平衡位置

[1] M. Berry. The LevitronTM: an adiabatic trap for spins [J]. Proceedings Mathematical Physical & Engineering Sciences，1996，452(1948)：1207-1220.

下面我们来简要地证明这一点。我们假设一个具有磁矩 $\vec{m}$ 的小磁铁在外加磁场 $\vec{B}$ 中感受到力矩 $\vec{A}$：

$$\vec{A} = \vec{m} \times \vec{B}$$

那么陀螺角动量 $\vec{L}$ 在这个力矩的作用下随时间变化的规律是：

$$\frac{\mathrm{d}\vec{L}}{\mathrm{d}t} = \vec{A} = \vec{m} \times \vec{B}$$

恰好，这个陀螺的构造是其磁矩和角动量在同一个方向上（都在对称轴上），所以上式可以写成：

$$\frac{\mathrm{d}(L\vec{m}/m)}{\mathrm{d}t} = \vec{m} \times \vec{B} \text{ 或者 } \frac{\mathrm{d}\vec{L}}{\mathrm{d}t} = m\vec{L}/L \times \vec{B}$$

其中不带矢量标记的字母代表那个量的绝对大小，如 m 就是陀螺磁矩的大小，那么 $\vec{m}/m$ 其实就是一个单位向量，指向陀螺磁矩的方向。从上面第二个式子可以推导出 L 是不随时间变化的（在方程的两边点乘上 $\vec{L}$ 即可证明，而陀螺的磁矩大小 m 显然也是不随时间变化的）。下面要证明的是当陀螺沿水平方向的运动比较缓慢时（相对于陀螺的进动速度而言），$\vec{m}$ 沿磁力线方向的分量也是（近似）不随时间变化的。这样我们就证明了陀螺转轴方向与磁力线间的夹角始终（近似）不变。

我们只需要证明 $\mathrm{d}\vec{m} \cdot \vec{b}(t)/\mathrm{d}t \approx 0$ 即可，其中 $\vec{b}(t)$ 表示沿当地磁力线方向的单位矢量。这个式子可以写成：

$$\frac{\mathrm{d}\vec{m} \cdot \vec{b}(t)}{\mathrm{d}t} = \vec{b}(t) \cdot \frac{\mathrm{d}\vec{m}}{\mathrm{d}t} + \vec{m} \cdot \frac{\mathrm{d}\vec{b}(t)}{\mathrm{d}t}$$

因为 $\frac{\mathrm{d}\vec{m}}{\mathrm{d}t} \propto \vec{m} \times \vec{B}$，所以上式右边第一项 $\vec{b}(t) \cdot \frac{\mathrm{d}\vec{m}}{\mathrm{d}t} \propto \vec{b}(t) \cdot (\vec{m} \times \vec{B}) = 0$。而上式右边第二项可以写成 $\vec{m}_\perp \cdot \frac{\mathrm{d}\vec{b}(t)}{\mathrm{d}t}$，其中 $\vec{m}_\perp$ 表示垂直于当地磁力线方向的磁矩分量。这样写的理由是一个单位向量随时间的导数总是垂直于这个单位向量的，综上所述，我们得到：

$$\frac{\mathrm{d}\vec{m} \cdot \vec{b}(t)}{\mathrm{d}t} = \vec{m}_\perp \cdot \frac{\mathrm{d}\vec{b}(t)}{\mathrm{d}t}$$

我们注意到，由于陀螺的进动，$\vec{m}_\perp$ 是一个近似周期变化的量，其变化频率等于进动频率，大约在数十赫兹量级。而 $\frac{\mathrm{d}\vec{b}(t)}{\mathrm{d}t}$ 表示的是随着陀螺在水平方向上的些许移动而感受到的磁力线方向的变化。由于陀螺的水平移动通常很缓慢（如受到气流引起的扰动等），我们肉眼即可看到悬浮的陀螺在水平方向上来回移动的频率大约在 1Hz 量级，所以 $\frac{\mathrm{d}\vec{b}(t)}{\mathrm{d}t}$ 是一个很小的数值，它随时间的变化也很缓慢（即 $\frac{\mathrm{d}^2\vec{b}(t)}{\mathrm{d}t^2}$ 也很小）。在应用数学上，这种快速周期变化的量乘以一个随时间缓慢变化的较小的量通常被认为是 0。因为如果我们考察变化了一个周期以后的 $\vec{m}_\perp$，$\frac{\mathrm{d}\vec{b}(t)}{\mathrm{d}t}$ 还没有"缓过神"来，基本维持原来的数值不变，所以在一半的时间里，$\vec{m}_\perp \cdot \dfrac{d\vec{b}(t)}{dt}$ 是正的，在另一半的时间里，$\vec{m}_\perp \cdot \dfrac{d\vec{b}(t)}{dt}$ 是负的，两者抵消，经过这样一个很短的周期，$\vec{m}_\perp \cdot \vec{b}(t)$ 基本就不再发生变化了。虽然可能在这个周期内，$\vec{m}_\perp \cdot \vec{b}(t)$ 会有些起伏，但是由于这个过程发生得太快，在我们关心的时间尺度上（即陀螺在水平方向上移动的时间），综合看起来 $\vec{m}_\perp \cdot \vec{b}(t)$ 是没有变化的。这样我们就得到了 $\dfrac{d\vec{m} \cdot \vec{b}(t)}{dt} \approx 0$，即陀螺的磁矩沿着当地磁力线方向的分量不变，而开始我们也提到了陀螺磁矩的大小是恒定的，这样我们就得到了"陀螺与当地磁力线间的夹角是不变的"这个结论（见图8.11）。

经过这一番艰苦的推演，我们得到了什么呢？我们得到了一个很重要的结果，那就是陀螺在磁场中的势能不可以再用 $E = -\vec{m} \cdot \vec{B} = mB_z$ 来表示。这是因为陀螺的磁矩已不再保持竖直方向，而是跟随磁力线的方向发生了变化，所以正确的势能表达式是：

$$E = -\vec{m} \cdot \vec{B} = m_B B$$

其中，m_B 表示陀螺磁矩沿着当地磁力线方向的分量［即 $\vec{m} \cdot \vec{b}(t)$］，是一个近似恒定值），B 表示当地磁场的强度，啊哈！恩绍定理的"魔咒"就是在这里被破解的。正因为陀螺的磁场势能不再是与磁场的某个分量成正比，而是与磁场的总强度（$B^2 = B_x^2 + B_y^2 + B_z^2$）成正比，我们就有可能实现陀螺的稳定悬浮了。因为没有哪个定理表明磁场的总强度不可以出现各个方向都是极小值的情况。实际上，贝里先生的计算表明，在一块半径为 a 的圆形大磁铁底座上方，高度为 $a/2 \sim \sqrt{\boxed{}}\, a$ 的磁场就具有中间强度最小，两旁强度略高的分布。所以陀螺就能在一个小区域内实现稳定悬浮。

如果你还记得第7章所述的逆磁悬浮的机制，在那里我们得到了逆磁性材料在外加磁场中的势能是：

$$E = -\vec{m} \cdot \vec{B} = \gamma \vec{B} \cdot \vec{B} = \gamma B^2$$

同样也是与磁场的总强度有关，从而破解了恩绍定理的"魔咒"。你看，这两种迥异的磁悬浮方式，却有着异曲同工之妙，大自然热闹现象后面的门道是不是有着曲径通幽的意境呢？

第**9**章

激光传声

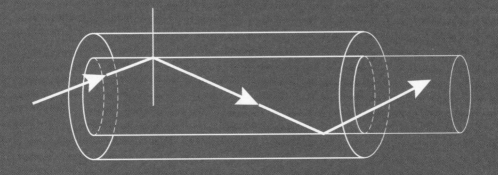

" 本章[1]将暂别磁的神奇世界，重返光的缤纷乐园。你将了解到如何通过搭建一个简单的电路，并利用激光充当看不见的导线，在两地之间传递声音信息。据此衍生，我们还将了解现代光纤通信技术的基本原理。"

闲话基本原理

1880年2月的一天，美国首都华盛顿，天寒地冻，万里无云，是冬天里难得的一个大晴天。大街上熙熙攘攘，没有人注意到街边的一栋小楼顶上，有一个中年男子站在一台奇怪的机器面前，手舞足蹈地说着话。在200多m以外的另一栋小楼顶上，一个年轻人同样站在一台类似的机器面前，也在兴奋地说着话，他们面对着彼此指手画脚，似乎在聊天。但是他们隔着这么远的距离能听到彼此说话吗？几天后，《纽约时报》等各大报纸都刊登了一条消息，宣布电话的发明者亚历山大·贝尔博士和助手查尔斯·泰恩特先生的最新发明：用阳光传递声音的机器！

这便是世界上第一台用光传递信息的无线通信设备"Photophone（光电话）"。贝尔认为这是他一生中最重要的工作，他是如此中意这项发明，甚至想为自己将要诞生的女儿取名"Photophone"（被妻子及时制止了）。然而光电话并没有像贝尔几年前发明的电话那样广泛流行，人们总不能天一黑就不能打"光"电话了吧！这项超越时代的发明渐渐被人遗忘，它仅仅短暂地出现在二次世界大战的战场上，被用作战舰之间传递信息的工具——因为无线电通信所用的电波向四面八方传播，敌人在远处用天线就可以截获；而这种"光"电话的信号只在发射装置和接收装置之间沿直线传播，无法被偷听。直到20世纪60年代激光的发明，20世纪70年代光纤的进展，光电话的基本原理被发扬光大，形成了高流量、低成本、远距离传输的现代光纤通信技术。毫无疑问，当今世界的运转已经离不开那一根根埋在泥土底下和大洋深处的光纤了。贝尔如果知道，当会为自己的高瞻远瞩而欣慰。

图9.1和图9.2生动地再现了当年贝尔和助手泰恩特进行实验的场景。在图9.1中的"光"电话的发射端，一束明媚的阳光（近似于平行光线）通过平面镜的反射及透镜的汇聚以后变成发散光线，落到一个话筒上，话筒是一个圆筒，末端装着一面很薄的镜子。对着话筒说话时产生的空气振动能够让镜子微小地改变形状。随着声波的频率变化，该镜子时而变成凹面镜，导致其反射的光束发散程度减小；时而变成凸面镜，导致其反射的光束发散程度增大。在"光"电话的接收端，一个抛物面反射镜用来接收发射端送来的光线。发散程度小的光束几乎能完全被反射镜接收，

---

[1] 本章是对我在《无线电》杂志2012年第4期发表的一篇文章的改写和扩充。

而发散程度大的光束经过长距离传输后,发散得比较开,只有一部分光被反射镜接收,其余部分落到了反射镜外面。接收到的光被抛物面反射镜汇聚到焦点上,那里放着一块晶体硒,其作用类似于现在的光敏电阻,电阻值会随着光照强度的变化而变化。如果在它的两端接上电池,光的强弱信号就被转化成了电流的强弱信号,从而推动扬声器发声,完成了从声到光,从光到电,从电到声的转换过程。

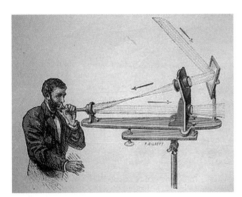

图9.1 "光"电话的发射端

图9.2 "光"电话的接收端

在接下来的"动手实践"一节中,我们将用便宜的激光二极管代替阳光,来重现这一有趣的发明。

动手实践

我们将要制作的激光传声器是这样工作的:

激光二极管发光的强弱可以由加在它两端的电压决定,而计算机耳机插孔里输出的,是一个随声波振荡的电压信号。如果我们把这个电压信号加到激光二极管两端,激光的强弱就会被这个电压信号调控,这就是我们的发射端(电路如图9.3所示)。如果你读了本书的第4章,制作了其中的微波探测电路,那么看到图9.3应该会觉得眼熟,它也是一个由运放引入负反馈构成的放大电路。因为计算机耳机插孔输出的音频电压的波动幅度较小,需要通过放大才能引起激光二极管亮度的明显变化。细看图9.3的电路,我们会发现与第4章中的电路不同的是,那里的信号连接到运放的正极输入端,而这里的信号连接到运放的负极接入端。另外,一个可变电阻产生的可调电压连接到了运放的正极输入端。在第4章里,我们提到了具有负反馈的运放的特点是正负极输入端的电压基本一致，而且电流基本不通过输入端流入运放。
我们可以方便地把这两个特点记忆为"虚短"和"虚
断"。所谓"虚短"，指正负极输入端就好像短路了一
样，所以它们的电压一样；而"虚断"指正负极输入
端也可以看成与运放断开了，所以在它们与运放之间
没有电流流动。记住了这两个词，分析运放负反馈电
路就变得容易了。根据"虚短"原则，如果可变电阻
输入运放正极输入端的电压是U，那么它的负极输入
端电压也是U。根据"虚断"原则，这个U在10kΩ

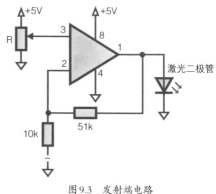

图9.3　发射端电路

的电阻上引起的电流完全流过51kΩ的电阻，所以可以得出运放加到激光二极管两端的电压是
$(U/10k\Omega)\times(51k\Omega+10k\Omega)=6.1V$。因为红色激光二极管的工作电压在2~4V，所以我们可以通过
调节可变电阻来使得电路在音频信号为0的情况下输出大约3V的电压。加入了音频信号以后，运
放输出电压可以在2~4V波动，以保证既不会使激光管烧毁，也不会使它完全不发光。

　　和第4章中的电路一样，这个电路对音频信号的放大倍数也可以根据引入负反馈的两个电阻
的电阻值计算出来，即$(51k\Omega+10k\Omega)/10k\Omega$。我们可以这样来理解，假设原本音频信号为0，运
放负极输入端电压为U。此时引入幅度为s的音频信号（s比U小），那么加在10kΩ电阻两端的电
压减小为$U-s$。所以流过10kΩ电阻的电流变为$(U-s)/10k\Omega$。注意到，运放的输入端不提供也不
吸收电流，从而运放输出电压为$[(U-s)/10k\Omega]\times(51k\Omega+10k\Omega)$。对比输入音频为0的情况，我
们得出音频信号的放大倍数为6.1。选择这个放大倍数的原因是我用万用表测量到计算机耳机插
孔输出的音频信号的幅度大约为0.2V，所以通过放大6倍音频信号，可以使得运放的输出电压在
2~4V变化。

　　由于电路简单，我们可以直接把它焊接到洞洞板上（见图9.4实物图），用一根耳机线将音频
信号从计算机引出来。注意图9.4使用的耳机线只有一个声道，所以只有两根线；而一般的耳机
线有左、右两个声道，所以有4根线。读者朋友可以通过万用表很容易地测量出哪根线对应于哪
个声道，我们的电路只需要其中一个声道就可以了。测试电路时，首先计算机不播放声音，用万
用表测量运放的输出电压，通过调节可变电阻来使它为3V左右。然后计算机以最大音量播放音
乐，我们应该能看到激光亮度的明显变化，这样发射端的电路就完成了。如果你的电路只能点
亮激光，却不能让激光的亮度有所变化，有可能是音频信号线没有焊接好，也有可能是运放的
输出电压进入了饱和状态。因为运放的最大输出电压是比它的电源电压略小的，如果采用3V的
电源电压，则运放的最大输出为2.5V左右，此时即使有音频信号输入也不能对它产生调节作用。
所以应使用5~6V的电源电压（4节1.5V电池），并确保无音频信号输入时的运放输出电压为3V
左右。

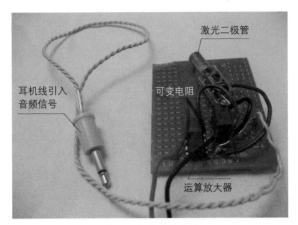

图9.4 发射端实物图

接下来，我们要制作类似于图9.2所示的接收端，把发生强弱变化的激光信号转换成电信号并用音箱输出。我们可以使用光电二极管来实现这种转换，接收端电路见图9.5，接收端实物图见图9.6。

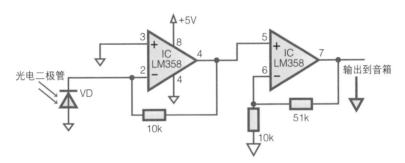

图9.5 接收端电路

光电二极管其实就是一小块太阳能电池，但是价格比一般玩具使用的太阳能电池贵。作为新能源的代表技术之一，它们的工作原理是非常巧妙的。我们知道一般的二极管是将两种半导体结合在一起组成的，交界处称为PN结，粗略来看，在P（Positive）型半导体中有一些可以移动的正电荷，在N（Negative）型半导体中有一些可以移动的电子。但是，注意这两种半导体本身并不带电，是电中性的。例如，N型半导体中有一些可以移动的电子，但是它也有同样数量的不可移动的正电荷，所以整体来看它是不带电的。但是当我们把P型半导体和N型半导体连接在一起时，非常有趣的事情发生了。因为P型半导体里的可移动的正电荷更多一些，所以它们就会自然而然地扩散到N型半导体中去（主要集中在PN交界处）；同理，N型半导体中的电子也会扩散到P型半导体中去（主要集中在PN交界处）。这时候，这两种半导体在交界处就不再保持电中性了。

光电二极管

图9.6　接收端实物图

因为P型半导体不仅失去了一些正电荷，而且还迎来了一些电子，所以它会带负电；而N型半导体不仅失去了一些电子，还迎来了一些正电荷，所以它会带正电，这个过程如图9.7（上）所示。所以在PN结附近就会形成一个天然的电场，从N型半导体指向P型半导体。此时，如果有一束外来的光照射到PN结区域中，那么就有可能被其中的电子吸收，从而本来不活跃的电子有了足够的能量，便可以自由移动了。在电场作用下，这个电子和它原来归属的正电荷受到方向相反的力，从而它们被分开，向二极管的两端游荡（注意电场基本上只局限于PN交接处，就像一个平板电容器的电场基本只局限于两块平板之间一样。所以一旦离开了PN交接处，电子和正电荷就不会感受到电场力了）。如果在PN结区域中有很多被光激发的电子和正电荷，那么它们就会在光电二极管两端积累，此时，为光电二极管接上一个很小的灯泡，那么由光引起的电流就会点亮它。这便是太阳能电池和光电二极管的基本工作原理。当然，其中的具体细节则是一个非常热门的前沿研究，如何优化材料的结构、提高光电转换效率是研究的核心问题。

　　了解了光电二极管（太阳能电池）的工作原理，图9.5所示的电路就容易理解了。在光的照射下，电流从二极管的N极流向P极（二极管符号上的短横代表N极，三角形代表P极）。注意这与普通二极管的工作模式恰好相反，普通二极管导通时电流从P极流向N极。图9.5中的第一个运放起到了将光电二极管的电流转化为电压的功能。而且，由于"虚短"，光电二极管两端的电压差始终在零伏左右，这样稳定了PN结区域的电场强度，起到了保持电流与光照强度间的线性关系的作用。因为我使用的光电二极管产生的电流小于0.1mA，所以我采用了10kΩ的电阻，这样转化成的电压在1V以下。然后再通过一个运放将信号放大6倍，就可以输入音箱了。你选用的光电二极管或者太阳能电池所产生的光电流不一定和上述情况一样，所以在选择电阻值时要进行一些尝试，避免运放进入饱和状态。整个电路是比较简单的，调试也很容易。当发射端和接收端都正常工作以后，你就可以通过这个激光传声器对自己喜欢的音乐进行"无线"播放了，相信你也能体会到贝尔先生当年的喜悦。

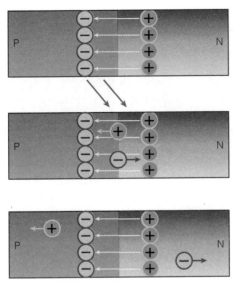

图9.7　光电二极管（太阳能电池）的工作原理

除了光电二极管可以充当从光信号到电信号的转换器外，我们也可以使用廉价的光敏电阻，接收端的电路也可以大为简化（见图9.8）。

看到这儿，你是不是觉得前面使用光电二极管的电路有点浪费呢？但是，毕竟"一分钱一分货"，使用光电二极管得到的声音效果远远好于使用光敏电阻得到的声音，前者的音质清脆，而后者则听起来模模糊糊。我们可不可以给图9.8所示电路加上一些后续的放大电路和滤波的电路，使声音变得清晰呢？实际上，从第8章使用光敏电阻记录陀螺转速的实验中我们就应该了解

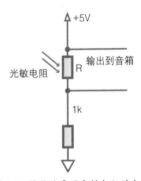

图9.8　接收端采用光敏电阻的电路

到，用光敏电阻不可能产生清脆的声音，无论采用多么高级的后续电路进行处理都是枉然。在第8章有关图8.8的讨论中我们了解到，光敏电阻在外来激光消失以后，需要几毫秒的响应时间，电阻值才能慢慢变大，这就决定了光敏电阻的响应速度无法跟上声波的变化速度。一般音乐的频率均在数百赫兹以上，也就是说，经过音频信号调制的激光的强弱变化周期只有几毫秒，而在这段时间里，光敏电阻还没"缓过神"来，所以它输出的声音模糊不清。图9.9展示了用这两种光电转换电路播放936Hz的声音（方波）时所产生的波形（用示波器记录）。很明显，使用光电二极管能清晰地还原音频信号的方波，而使用光敏电阻则呈现了第8章图8.8中所示的波形，即在激光变弱以后，电阻慢慢变大，它两端的电压慢慢地增大；当激光再次变强时，它的电阻比较快地减小，所以其两端的电压迅速减小，如此往复。这样的波形转换成的声音就不如使用光电二极管得到的声音清脆了。

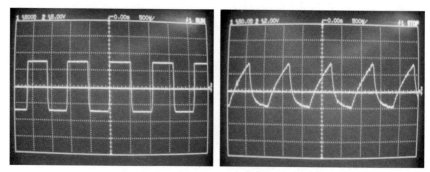

图9.9　用光电二极管和光敏电阻接收激光音频信号后所产生的波形图

在现代光纤通信技术中，负责把激光信号转化成电信号的也是光电二极管，因为它的反应速度可以跟得上每秒强弱变化109次的激光信号（我们称它的带宽为10^9Hz）。而如果使用光敏二极管的话，就只能跟得上每秒强弱变化100次的激光信号（带宽为100Hz），光纤通信高速的特点就会完全失去了。

探索与发现

光纤通信技术的基本原理（见图9.10）和我们上面所制作的装置的原理其实是很相似的，只不过在一切都可数字化的今天，我们对激光亮度的调制也只有开和关两种状态（对应于1和0），这样的信号对噪声的抵御能力大大加强。另外，光纤的发明使得激光通信开始真正进入应用阶段，光信号可以朝任意方向，以极低的损耗，高速传递大量的信息。"光纤之父"华人物理学家高锟先生也因此获得了2009年的诺贝尔物理学奖。

待发送的数字信号　　　电信号调制红外　　　强度调制后的激光
（电信号）　　　　　　激光器激光强度　　　信号沿着光纤传输

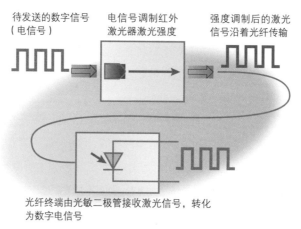

光纤终端由光敏二极管接收激光信号，转化
为数字电信号

图9.10　光纤通信示意图

　　我有几个朋友是研究光纤通信的，我从他们那里要来了一段研究用的光纤，如图9.11所示，你也可以从网上买到一些带有光纤的玩具。商用的光纤一般都是用纯度极高的二氧化硅（玻璃的主要成分）制作而成，与普通易碎的玻璃不同，当二氧化硅在高温下融化并被拉伸成直径在$10\mu m$（0.01mm）左右的细丝时，它变得非常柔韧，可以如图9.11所示的那样弯折。古人所谓"何意百炼钢，化为绕指柔"大概就是这种意境。

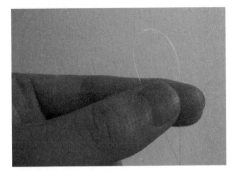

图9.11　光纤

　　光纤之所以能够引导光线传输，利用的是光在两种折射率不同的介质交界面上的全反射（现在科学家们正在研究其他结构的光纤，如光子晶体光纤，其传导光的机制就完全不同了，有兴趣的读者可以通过搜索了解详情）。图9.12（A）展示了一根光纤的两层结构。通过在二氧化硅中掺入不同的其他微量成分，我们可以改变它的折射率，使得光纤的内芯具有较高的折射率（n_1），而外层具有较低的折射率（n_2）。我们知道光线从高折射率的介质进入低折射率的介质时能发生全反射［见图9.12（B）］。当入射角θ满足$\sin\theta > n_2/n_1$时，入射光都被完全反射了，所以光的能量（光能）即使在光纤里传递很远的距离也不会有大的损耗（光纤中，光能的损耗主要来自于二氧化硅中极少量的杂质对光的吸收和散射）。而传统的铜缆则不同，因为铜有电阻，它会吸收电信号的能量转化为热能；而且随着传递的信号频率增加，它的电阻越来越大，信号仅传输几十米就衰减得无法被探测到了，所以不能用铜缆实现远距离、高流量的传输。

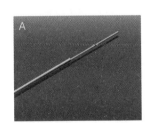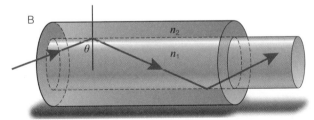

图9.12　（A）光纤的两层结构；（B）光的全反射示意图

　　光纤技术仍然是当前的一个热门科学研究方向。如何进一步提高光纤的带宽（即传输数据的速度）是大家最关心的问题。虽然我觉得目前的网速已经足够快了，但是也许未来更快的光纤通信能够实现一些现在还无法想象的事情。

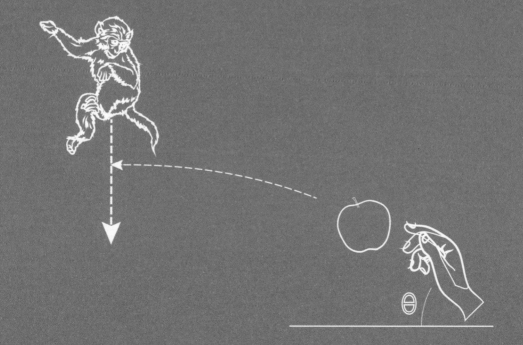

第 **10** 章

Feed the Monkey

一分钟简介

本章将带领大家制作一件非常有趣的装置，生动地演示力学中一个古老的问题。我们将通过动手实践来了解如何用不同参考系的观点看待物体运动的规律。本章内容无须阐述高深的知识和讲解复杂的装置，实为休闲娱乐之首选。由此引申，我们还将了解相对论的种种神奇预言，如运动的时钟会变慢等。

闲话基本原理

话说很早以前，我看到高中物理习题集上有这么一道题：一位猎人想要射击树上的一只猴子，但是猴子非常灵敏，当它看到子弹飞离枪口的一瞬间，它就会从树上跳下来。那么如果猎人想要射中这只猴子，他应该如何瞄准呢？考虑到子弹飞出以后沿抛物线运动，所以子弹击中点要比瞄准的点低一些（见图10.1）。是不是猎人一开始就应该瞄准得高一点，把抛物线运动考虑进来呢？但是猴子在子弹运行的过程中也在下落，所以得看在竖直方向上究竟是子弹落得快还是猴子落得快了。但是这似乎又与子弹的出膛速度有关。经验告诉我们，子弹的出膛速度越大，那么子弹在竖直方向下落的距离越短。

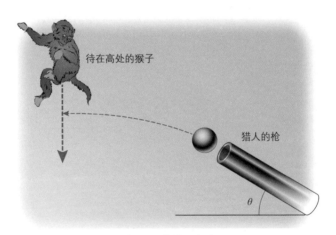

待在高处的猴子

猎人的枪

θ

图10.1 情景示意图

要得到准确的答案，我们可以写出子弹和猴子在空间中的位置随时间变化的表达式。猴子是从 $x=0$ 开始自由落体，所以它离地面的高度随时间的变化为 $y=H-\frac{1}{2}gt^2$，其中 H 是在猴子离开树枝之前离地面的高度。而子弹的运动稍微复杂一些，可以通过向量分解进行计算。假设子弹的出膛速度是v，出射仰角是θ，则它在水平方向上的位置随时间的变化为$x=L-(v\cos\theta)t$；竖直方向上的位置随时间的变化为$y=(v\sin\theta)t-\frac{1}{2}gt^2$。如果想要子弹射中猴子，则需要保证在$x=0$的时候，$y=H-\frac{1}{2}gt^2$和$y=(v\sin\theta)t-\frac{1}{2}gt^2$相等，那么我们得到$t=L/(v\cos\theta)$和$H-\frac{1}{2}gt^2=(v\sin\theta)t-\frac{1}{2}gt^2$。注意到上述得到的第二个式子的$\frac{1}{2}gt^2$可以从等式的两边消去。综合这两个式子，我们得到：

$$H=\frac{(v\sin\theta)L}{v\cos\theta}=L\tan\theta$$

哈！这是一个有趣的结果，在这里，子弹出膛的速度竟然被消掉了。而我们得到了$\tan\theta=H/L$，即一开始猎人就应该直接瞄准猴子，不用管它后来的自由落体，也不用管子弹沿抛物线运动，更不用管子弹的出膛速度有多大。

实际上，我们也可以用更为简洁的方法推断出这个结论来，不费一兵一卒、一笔一墨，这个简单的方法就是换一个视角来看问题。假设我们就是那只猴子，子弹一出膛我们就从树上跳下来。因为子弹和自由落体的我们的向下加速度是一样的，都是$g=9.8\text{m/s}^2$，所以，相对我们而言，子弹的加速度为0（实际上在上一段求解运动方程的方法中，我们也看到$\frac{1}{2}gt^2$可以从等式两边消去）。那么在自由落体的参考系里，子弹是沿直线运动的。这样一来问题就很简单了，沿直线运动的子弹想要击中一个物体，很显然只要一开始瞄准目标就行了。即使是蜗牛，沿着直线爬行也总是能碰到目标的。

这个过程的理论推导是很简单、很漂亮的，如果我们能真正制作这样一个装置来验证它，那将是很令人开心的一件事情。但是"射击猴子"违背了爱护野生动物的原则，我们可以把这个问题改一改——树上有一只猴子，我们想把一只苹果扔给它……所以本章的标题叫作"Feed the Monkey!"

动手实践

这个装置的制作由两部分组成，一部分是发射"苹果"的装置，一部分是灵巧的"猴子"。这两部分的实物图如图10.2所示。其中，发射装置由一次性塑料注射器的针筒、弹簧和小钢珠组成，固定针筒的是由一些木块组成的架子，可以调节针筒的仰角。而"猴子"是一个乒乓球，它的上面有一根铁的小螺丝钉，因为乒乓球的壳很薄，用手就可以将一般的铁螺丝钉钻进去（这种螺丝钉的头是尖的，呈圆锥形，便于钻到木头里。而机械上用的螺丝钉头是平的，呈圆柱形，不适合我们在这里使用）。

接下来，来看怎么让我们的"猴子"变得灵巧起来，在小钢珠刚刚离开针筒时它就能够从高处自由落体。这一点可以通过图10.2中的电磁铁和针筒口的开关来做到，从图10.2中可以看到，针筒口有由两块铝片和一张薄薄的铝箔纸制作而成的开关，并有两根导线引出来，乒乓球的右边是一个自制的电磁铁。在实验中，我们的电路原理图如图10.3所示。小钢珠蓄势待发时，由铝箔纸和铝片构成的开关导通了电磁铁，中间有电流通过，所以它能吸附住乒乓球上的螺丝钉。当小钢珠射出时，它会冲开铝箔与铝片的接触，电磁铁中的电流被切断，乒乓球就在小钢珠离开发射器的同时自由落体。在铝箔纸与铝片连接处需要用透明胶带轻轻粘贴。既不能粘贴得太牢以免小球无法冲出，也不能不粘贴，因为那样铝箔纸和铝片连接处的电阻会很大，无法给电磁铁提供足够的电流。但是，总体来说，读者不必拘泥于这里描述的装置细节，只要按照类似的思路，构建一个电磁铁电路、一个可以被小钢珠打开的开关和一个可以调节仰角的发射架就可以了。

图10.2　发射装置与"猴子"

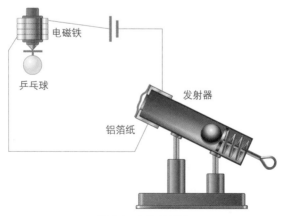

图10.3　电路原理图

装置看起来颇为简陋，那么结果如何呢？请看下面的两组照片（见图10.4和图10.5）。

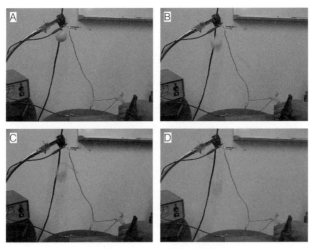

图 10.4　小钢珠错过乒乓球

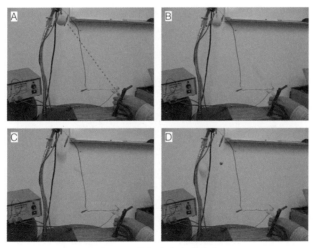

图 10.5　小钢珠击中乒乓球

图 10.4 中，我们有意瞄准乒乓球上方的一点，然后将小钢珠发射出去。我们可以看到在图 10.4（B）中，乒乓球下落得很慢（毕竟初始速度为 0），小钢珠已经逼近了，它才刚刚下降了一点点。即使如此，图 10.4（C）显示，乒乓球还是刚好躲过了小钢珠。根据前面的理论容易得知，当小钢珠运动到乒乓球正上方时，它与乒乓球之间的距离和最初瞄准点与乒乓球之间的距离是一样的。图 10.4（D）则是它们"擦肩之后，蓦然回首"的场景了。

再来看，如果我们一开始就瞄准乒乓球会怎么样，图 10.4（A）～图 10.5（D）就展示了这个场景。可以看到在图 10.5（D）中，小钢珠悬在空中的照片非常清晰，而乒乓球则向左运动。这表明小钢珠把自己的大部分动量转移给了乒乓球，小钢珠与乒乓球碰撞后的一瞬间速度接近于 0，在照片曝光的那段时间里它几乎没有运动，所以它才留下了一个清晰的倩影。而乒乓球在获得了小钢珠水平方向上的动量以后，就开始向左运动。这样我们就用实验生动地验证了我们开始提到的理论。

探索与发现

在这个实验中蕴含了一个非常有趣的前提，"在子弹飞离枪口的一瞬间，猴子从树上跳下来"，即猴子从树上跳下与子弹飞离枪口是同时发生的。我们使用电磁铁和开关来实现这一"同时"的要求是一个非常好的选择。试想一下如果让某人拿着乒乓球，当他看到小钢珠射出时再松手，则与"同时"发生间的误差就比较大了（人的反应时间为零点几秒）。但是开关断开和电磁铁中的电流消失并不是精确地同时发生的，而是有一些时延。这个时延主要来自于电磁铁的电感，电感总是试图阻挠电流的变化。在开关断开以后，存储在电磁铁中的能量还能维持电流流动一段时间才消耗完（这段时间非常短，我们无法觉察到）。另外，即使没有电感对电流变化的阻挠，电场在导线内传输也是需要时间的（传输的速度大约为光速）。所以从开关断开到电磁铁导线中的电子失去电场的驱使，也需要一段时间，约为用开关与电磁铁间的距离除以光速，可以想象这个时延更小了。

那么，有没有办法实现精确的"同时"发生呢？笨办法倒是有一个，我们可以让无数个猴子站在树上，随机地向下跳。总能碰上一个冤大头与我们发射苹果（子弹）的时间相同吧？但是毫无疑问，此时在猴子向下跳与我们发射苹果之间没有因果关系了。仔细想想，真正"同时"发生的两件事之间难道还会有因果关系吗？

爱因斯坦先生在100多年前就对"同时"发生的概念进行过深刻的思考。也许是当时他在瑞士一个小专利局的工作非常清闲（生活也很拮据），所以他在偶尔为生活琐事烦恼之余，还有时间认真审视这些别人认为理所当然的问题。他思考的结果就是著名的狭义相对论。其中一个重要的结论是，"同时发生"这个事儿实在是仁者见仁、智者见智。你认为是同时发生的两件事，在一个坐在飞驰的火车上的人看来就是一前一后发生的两件事了。也就是说，"同时性"取决于观察者的参考系。我们想了解一下这个疯狂的理论是怎么回事，最好的办法就是从爱因斯坦先生提出的一个假想实验入手。

假设有一节飞驰的列车车厢，小红坐在车厢正中间，小明站在列车站台上，并且正对着铁道方向，如图10.6所示。

当车厢行驶至小红和小明刚好正对着时，小明看到两束闪电"同时"击中了车厢的前后端〔如

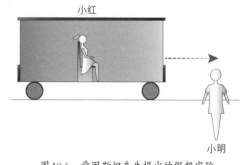

图10.6　爱因斯坦先生提出的假想实验

图10.7（A）所示］。之所以他会认为是"同时"击中车厢的，是因为两束闪电击中车厢后激发出的光线同时到达他的眼中，而他与车厢前后端间的距离相同，所以他推断闪电击中车厢前端和后端这两件事情是"同时"发生的。图10.7（B）描绘了这个过程，闪电激发出的两束光波向四面八方传播，经过相同的时间抵达小明的眼中。注意，图10.7（B）中的车厢和小红是用灰线画出的，因为车厢在不停地向前高速运动，从图10.7（A）到图10.7（B）经历了一段时间，所以车厢和小红已经不在此处了，而是向右移动了一段距离。

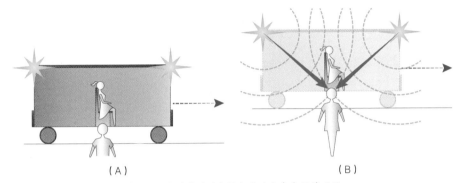

（A）　　　　　　　　　　　　　　　　　（B）

图10.7　小明看到两束闪电同时击中车厢前后端

　　坐在车厢内的小红也看到了闪电所激发的光，但是，她是同时看到这两束光的吗？图10.8解答了这个问题。在闪电击中车厢，并散发光波之后，光就开始在空间里以光速传播［注意光速在真空中相对任何人来说都是恒定的，不因观察者的运动速度变化而变化，这是狭义相对论的基本出发点之一，也是经过实验（如迈克尔逊–莫雷实验）检验的原理］。但是小红和车厢仍在向右高速运动，从图10.8（B）我们可以看到，击中车厢后端（左端）的闪电所产生的光波需要"追赶"上小红，而击中车厢前端（右端）的闪电所产生的光波与小红迎面相遇。因此，从车厢后端发出的光到达小红眼中时走过的距离比从车厢前端发出的光到达小红眼中时走过的距离更长。所以小红先看到从车厢前端传过来的光线。但是，小红也知道，她坐在车厢的正中间，与车厢前后端的距离是一样的，光在空间中传播的速度也是一样的，所以她认为闪电先击中车厢的前端，然后再击中车厢的后端，与小明的观点很不一样。这个假想实验表明，两件事情是否"同时"发生，取决于观察者所在参考系的运动方式。

　　不迷信权威的读者肯定会觉得爱因斯坦先生提出的这个假想实验并不能代表普遍真理。为什么我们非得让小红通过看到光线的先后顺序来推断事情发生的时间呢？我们完全可以在车厢前端和后端各放置一个事先校对好的钟表，当闪电击中车厢时，它会引起钟表停止走动，然后小红再去检查一下钟表停在了什么时间点不就知道结果了吗？这样如果小明看到闪电"同时"击中车厢，小红也应该得到相同的结果。但是"校对钟表"这件再普通不过的事情在爱因斯坦先生看来是一

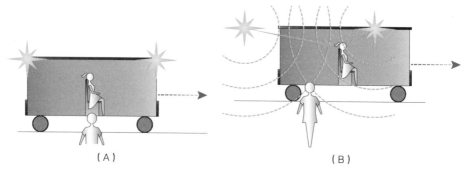

图 10.8　小红看到两束光的时间不一样

个非常不平凡的问题。假设我们把两块钟表在车厢后端校对好了，但当我们把其中一块钟表移动到车厢前端时，它们两个的读数就不一样了。因为狭义相对论指出，在运动的参考系中，时间流动速度比在不运动的参考系中的慢一些。所以如果依靠这两块钟表的读数，小红也会得到闪电不是同时击中车厢前后端的结论。

你一定在想，为什么在运动的参考系中时间流动速度慢一些？我们不能因为爱因斯坦先生这么说就无条件承认了吧！接下来我们来看一看这句话是什么意思。

实际上，如果 A 参考系和 B 参考系保持着相对匀速运动，那么 A 参考系中的人会感觉到 B 参考系中的时间流速变慢了；同样 B 参考系中的人感觉到 A 参考系中的时间流速也变慢了，谁也不服谁，谁也没有错。这是为什么呢？无须复杂的数学公式，我们可以借助一种所谓的二维时空图（或称闵可夫斯基图）来理解这个问题。二维时空图的横坐标是一个物体在空间上的位置，用 x 表示；纵坐标是这个物体所处的时间，但一般会乘以光速 c，即纵轴为 ct。假设我们是处在 A 坐标系里的静止的观察者，那么在这个二维时空图里，我们的位置就用那条黄色的箭头代表，即我们只有时间坐标的增长，而没有空间坐标的变化。假设此时我们看到小蓝以匀速 v 向右运动，我们称他处于 B 坐标系中，那么他在时空图中的位置就用蓝色的箭头表示。而光在真空中总是以 c 运行，所以用红色的箭头表示，它与横坐标和纵坐标成 45° 角，见图 10.9。

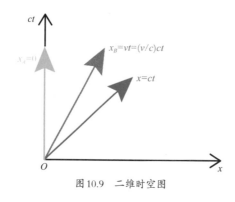

图 10.9　二维时空图

看起来这个图也没有什么稀奇的嘛！别急，且容我慢慢道来。在二维时空图上有一些重要的线，它们把所有处于同一时间的点连起来，暂且称为同时线；或者它们把所有处于同一地点的点连起来，暂且称为同地线。容易理解，在静止坐标系中，同时线就是所有与横轴（x轴）平行的线，同地线就是所有与纵轴（ct轴）平行的线。那么，在运动着的小蓝看来，同时线和同地线又是什么样的呢？同时线仍然是与x轴平行的线，但是同地线则是与蓝色箭头平行的线，如图10.10所示。所以蓝色箭头在B坐标系中起到了时间轴的作用。

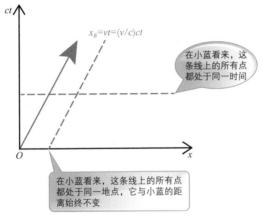

图10.10　同时线与同地线

那么如果让小蓝测量光速，他会得到什么结果呢？如图10.11所示，小蓝首先从描述光运动的红色箭头上取一点，然后计算这一点在B参考系中的空间和时间坐标，可以通过作同时线和同地线得到。结果是，这一点的时间坐标如果为t_0，则空间坐标为$L=ct_0-vt_0$（注意不是ct_0，因为在B参考系中，同地线是与蓝色箭头平行的线，而非垂直线）。那么小蓝测量到的光速就是$L/t_0=c-v$，即比"正常"的光速要小v。这其实就是牛顿力学中最基本的速度叠加原理，只不过我们通过一个复杂的方式推导了出来。

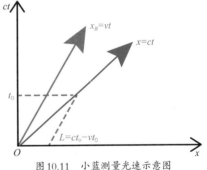

图10.11　小蓝测量光速示意图

开始我们已经提到过，狭义相对论的基本出发点之一是光速在真空中是一个恒定的值，不管你是否在运动着，那么显然我们从图10.11得到的结论是不正确的。爱因斯坦先生认识到，要使得小蓝在B参考系中测量到的光速也等于$2.989\times10^5\text{km/s}$，我们必须对二维时空图进行一些修改，如图10.12所示。小蓝所在的B参考系的时间坐标轴还是由$x_B=vt$这条线代表（在图10.12中称为ct_B），这条线上的所有点在B参考系中的空间坐标都是0；他的空间坐标x_B则不再与静止坐标系共用x轴，而是与之成θ的夹角，这个夹角与ct_B和ct所成夹角相同。容易见得，B参考系中的时间和空间坐标轴关于红色箭头对称。这样小蓝测量光速时，他首先在描述光运行的红色箭头上取一点，然后作出平行于x_B的同时线和平行于ct_B的同地线（如图10.12中的虚线所示）来计算B参考系中该点的时间和空间坐标，得到时间为ct_0，距离为x_0。容易从图上看出$x_0=ct_0$。所以此时小蓝测量到的光速为$x_0/t_0=c$。

图10.12所示的这种运动坐标系和静止坐标系之间的坐标变换，如果用数学公式表示就是狭义相对论中的洛仑兹变换，但是二维时空图比这些公式要更一目了然。下面我们用二维时空图来看运动参考系中的时钟是否的确比静止参考系中的时钟走得慢，最简单的方法是假设有另外一个C参考系，它相对于A参考系的速度沿着$+x$方向，大小是$V/2$，即如果我们站在C参考系中，会看到A参考系和B参考系分别以$V/2$的速度向两旁运动，我们以C参考系为静止系，画出A参考系和B参考系运

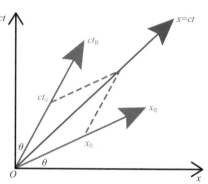

图10.12　狭义相对论中的二维时空图

动的二维时空图来，如图10.13所示。在C参考系中的人看来，A参考系中的时空坐标轴用黄色的箭头表示，B参考系中的时空坐标轴用蓝色的箭头表示。那么，当B坐标系里，小蓝所携带的时钟从0时刻运行到t_P时，小蓝决定比较一下此时A坐标系里的时钟读数。要做到这一点，我们画出一根同时线（平行于x_B的蓝色虚线），它与A坐标系的黄色时间坐标轴相交于Q点，也就是说，此时A坐标系的时钟读数为t_Q，很显然t_Q小于t_P，也就是说，相对B坐标系以速度V向$-x$方向运动的A坐标系的时钟走得比较慢。假设小黄也在A坐标中做匀速运动（小黄的运动轨迹就是黄色时间坐标轴），那么小黄怎么看待这件事呢？小黄说这个比较是不正确的，小蓝和小黄进行比较时，他的时钟走到t_P与小黄的时钟走到t_Q根本不是同时发生的。这就像是你明天早上九点和我

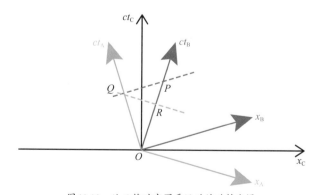

图10.13　从二维时空图看运动的时钟变慢

今天晚上八点的时钟作比较，然后你说我的时钟走得慢了，这显然不是一种正确的比较方式。正确的比较应把小黄认为是同一时刻的时钟拿来进行对比。于是小黄从Q点作出一条同时线（平行于x_A的黄色虚线），小黄得到当他的时钟读数为t_Q，与此同时小蓝的时钟读数为t_R，很显然t_R小于t_Q，所以小黄觉得相对于他以速度V向$+x$方向运动的小蓝的时钟走得比较慢。读到这里，你也许会发现，出现这种奇怪现象的关键还是"同时性"的问题。在某一个参考系中，你觉得是"同时"进行的比较，在另一个参考系中这两件事就不是"同时"发生了。这样才会有运动的时钟显得比较慢的结论。

读者也可以从图10.12出发，通过作同时线来比较A参考系和B参考系的时钟快慢，你将得到相同的结论。但是从图10.12出发要稍微复杂一些，因为图10.12中的ct时间轴和ct_B时间轴的单位长度不一样，不能直接根据线段的长度来断定时间的长短，而是需要在深入理解了狭义相对论的洛伦兹变换以后才能作出正确的判断。而在图10.13中，尽管ct_B时间轴与ct_C时间轴的单位长度不一样，ct_A时间轴与ct_C时间轴的单位长度也不一样，但是ct_B和ct_A是对称的，所以它们的单位长度一样，可以直接根据OP、OQ、OR的长度作比较。

如果你第一次接触狭义相对论，读到这儿，想必已经被这些坐标系之间的频繁转换弄得晕头转向了。不要紧，爱因斯坦先生当年刚刚提出这一套理论时，据说世界上也只有"两个半人"能理解。随着时间的推移，大家接触和思考得多了，就容易理解了。你或许会问，弄得这么复杂，究竟在现实生活中我们能看到运动物体的时间流动变慢吗？能啊！在科学研究中，人们已经多次观察到运动物体的时间流动变慢了。1977年，欧洲核子中心（CERN）的科学家们观察到了一种高速运动（速度为光速的0.9994倍）的微观粒子muon的寿命明显变长了。如果muon处于静止状态，它的寿命为$2.2\mu s$，之后它会衰减为其他基本粒子。但是由于大型加速器使它相对于我们高速运动，它的寿命延长到了60多μs[1]。或许这个例子还是离我们太远了，那么更贴近生活的例子也有。汽车上常用的GPS定位仪通过接收来自卫星的时间信号来确定它与这颗卫星间的距离（光速乘以传递的时间即为距离），然后综合3颗以上卫星的信息，GPS定位仪就能唯一确定它在地球上的位置。然而，高空中的卫星相对于地面上的人们高速运动着（4km/s），根据狭义相对论，这些卫星上的时钟运动速度就比地面上的时钟运动速度慢（在地面上的人们看来）。因为卫星的速度相对于光速（2.989×10^5km/s）仍然是个非常小的数值，所以卫星上的时间误差并不是很大（大约每天慢$7.2\mu s$[2]）。但是你知道，$1\mu s$的误差乘以光速就是300m，而现在的民用GPS定位精度已经达到几米，所以这个误差是必须要通过GPS定位仪进行修正的。另外，我们没有提到的是，广义相对论（在狭义相对论的基础上，考虑了有引力和加速度存在时，时间与空间的变化规律）表明，由于GPS卫星远离地球，它们仅感受到非常微弱的引力，这样它们的时钟会比地面上的时

[1] 参见作者为James B. Hartle, Gravity 的 *An introduction to Einstein's General Relativity* 一书的P88。

[2] C. E. Mungan. Relativistic Effects on Clocks Aboard GPS Satellites [J]. The Physics Teacher，2006.

钟快（大约每天快45.6μs），这个因素与开始提到的由于高速运动引起的时钟变慢综合起来，导致GPS卫星上所载时钟比地球上的时钟每天快38.4μs，需要GPS定位仪进行修正。我国古人描述神话故事中的天上的"仙人"们时常说"天上方一日，世间已千年"，看来是说反了。明明"仙人"们衰老得比凡间的人们快！

作为现代物理学的两大基石，相对论和量子力学影响深远，然而由于实用性的差别，量子力学得到了更为广泛的应用和学习（化学、材料学、光学、半导体等领域都以量子力学为理论基础），而相对论则有点曲高和寡的遗憾了，一般只有研究宇宙演化的天文学家们和一些"古怪"的数学家们深入研究。但是，这两个理论都是我们对大自然不同方面的规律的高度总结，都是引人入胜的。就我个人而言，相比于相对论，我还是更加喜欢量子力学，也许是因为当年我选修广义相对论时，班里仅有两人"荣获"C的成绩，而我就是其中之一吧！

第 **11** 章

制作老百姓自己的全息

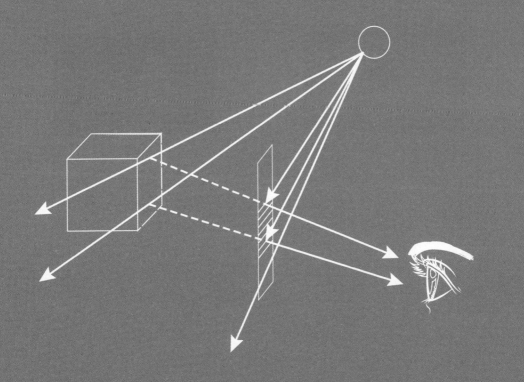

一分钟简介

　　本章将介绍一种非常有趣的制作3D照片的技术——全息技术。我们从日常生活中几乎人人都有，但又常被忽视的全息照片开始，引入全息技术的原理。然后我们将用简单的工具（激光二极管，全息底片等），亲手制作一张真正的全息照片。如果你一时难以得到这些工具，我们还将介绍如何用更为普通的圆规与黑色塑料片，手工画出一张简单的'全息照片'。通过阅读本章你将深入了解全息技术的原理，熟练掌握全息制作方法。

闲话基本原理

　　如果你有Visa或者Master信用卡，请拿出来仔细端详一番，你会发现，在卡的正面或者背面有一处绚丽的图案。Visa信用卡上的是一只振翅高飞的小鸟（可能是老鹰或者鸽子），Master信用卡上是一张世界地图，图11.1所示为Visa信用卡上的小鸟。

　　神奇的是，当你前后晃动脑袋时，能看到小鸟的颜色变幻无穷（图11.2展示了从另外一个角度观看小鸟时的情景），当你左右晃动脑袋时，还能感觉到它似乎有立体感——那么恭喜你，你的卡是真的！

图11.1　信用卡上的小鸟

图11.2　小鸟的颜色变化了

　　这只小鸟就是Visa信用卡诸多防伪标记中的一种——彩虹全息图。"全息"是一种能够记录物体三维信息的成像技术，很多人都听说过。但是可能很少有人意识到，在自己的信用卡上就有这么一张听起来非常高科技的全息图（实际上也是非常高科技的，只不过批量生产使得它们的成本很低）。让这只小鸟带领我们，开始了解全息技术到底是怎么回事吧！

　　图11.3展示了小鸟全息图在低倍显微镜下的样子，图11.3（左）是小鸟的头部，图11.3（右）是小鸟翅膀上的羽毛。很容易发现全息图与一般的图片不一样，它的轮廓是不清晰的，而且颜色非常单一，并不像我们先前看到的那样五光十色。我们用更高倍数的显微镜进一步放大图像，来看看里面有什么玄机。

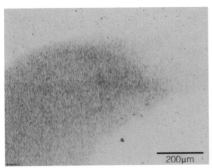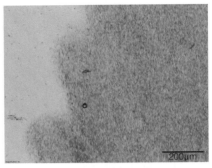

图11.3　显微镜下彩虹全息小鸟的样子。左图是小鸟的头部，右图是小鸟翅膀上的羽毛

图11.4是进一步放大小鸟的头部以后得到的图像，我们看到，在最高倍数的显微镜下，小鸟显示出一些条纹，这些条纹基本沿着水平方向伸展，条纹之间的距离约为640nm，在红光波段的波长范围内。也就是说，小鸟全息图中，每毫米大约有1500根这样弯弯曲曲的细线。我们在高中时学过，这么密集（线距与波长相当）、周期性排列（或类似周期性排列）的细线在一起就组成了光栅。大家实际上都见过和用过光栅，在我们熟悉的CD上就有很多这样的细线，大约每毫米有600根细线（DVD和Blue Ray光盘更密一些），它就是一个光栅。而我们都见过CD上的七彩颜色，所以Visa信用卡上小鸟的多彩也就不足为奇了，都是由于光栅的色散特性，能把不同波长（不同颜色）的光线反射到不同方向。如果一束激光照射到Visa信用卡的小鸟（或CD）上，然后反射到墙上，我们还能看到光栅特有的衍射图案。因为红色激光的波长与条纹间距相近，而绿色激光的波长（532nm）比条纹间距小，所以红光散得比绿光开。

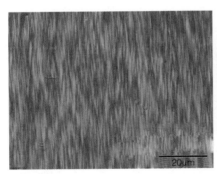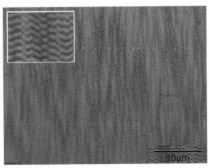

图11.4　进一步放大小鸟头部的图像

了解了小鸟全息图的色彩的由来，那么全息照相最重要的特点——能再现三维物体又是怎么回事呢？我们再来仔细看看图11.4（右），毫无疑问，这不是一个由周期排列的直线组成的普通光栅，而是由弯弯扭扭的曲线构成的复杂光栅，这些曲线的每一个弯折都对应着我们肉眼看到的三维小鸟图像上的某一个细节。那你会问，我们怎么知道这些曲线该怎么弯折才能体现三维的小鸟

呢？想要了解这一点，只要看看全息照片是怎样制作的就清楚了。

普通照相技术是把从物体表面上某一点发出（或反射）的光通过透镜汇聚成底片上的一点，它记录的是物体表面所发出光的强度信息。但是从图11.4中我们可以看到，全息照相记录的完全不是一些明暗变化的点，而是一些细密的条纹。在图11.5中，用一个长方体代替小鸟，展示了这些条纹的产生和拍摄过程。从图11.5中我们可以看出全息照相与一般照相间的两点明显区别。第一，一般照相用普

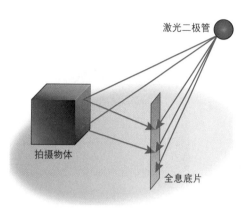

图11.5　全息相片的拍摄过程（俯视图）

通的白光照明，而全息照相则需要用激光照亮物体；第二，一般照相只需要照亮被拍摄物体，而全息照相则需要把激光分成两部分，一部分激光照亮物体，另一部分激光不经物体反射，直接抵达底片。那么当经物体反射的光与直接抵达底片的光在底片表面相遇时，就会发生干涉，从而产生细密的干涉条纹，进而被全息底片记录下来，形成我们在图11.4中看到的图案。

那么，为什么我们一定要用激光拍照呢？这是因为激光是一种很好的相干光源，有利于形成稳定的干涉条纹。简单来说，相干光源就是具有如下特点的光源，假设这个光源向四面八方发出光波，它们形成一个光球，在光球面上任取两束光，它们的频率与相位都是一致的。这样的两束光如果通过一些反射而相遇，就能够形成稳定的干涉条纹，即它们相遇的区域内有些地方亮，有些地方暗，而且这些明暗条纹的位置不随时间变化，那么就能被全息底片清晰地记录下来。而若我们在普通光源发出的光球面上任取两束光，它们的频率与相位是随机变化的，当这样的两束光相遇时，不能形成稳定的干涉条纹，而是形成左右随机移动的干涉条纹，不能在全息底片上留下清晰的图案。用给风扇拍照打个比方，当风扇不转的时候，我们可以用相机拍下风扇的叶片及风扇叶片之间的空隙，这就相当于"明暗条纹"，但是当它的转速很快的时候，我们的相机就只能记录下一个均匀的圆盘，叶片和空隙就被"平均"了。

将干涉条纹在全息底片上记录下来以后，等到观看时，还是用激光照亮底片，如图11.6所示。激光二极管摆放在拍摄时的位置，长方体已经被移走。此时，在激光经过全息底片时，如果遇到的是没有干涉条纹的区域，那么光还是沿直线穿过全息底片。但是，如果激光遇到的是有干涉条纹的区域，那么激光经过这些复杂的光栅的

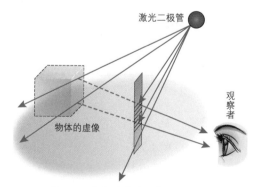

图11.6　全息照片的观看（俯视图）

衍射，有一部分会被反射回来。巧妙的事情发生了，这些反射的光线恰好沿着原来从长方体表面发出的光线的方向传播。那么当我们在全息底片右侧时，就能看到一个长方体的虚像了。而且这些光线就像是直接从一个真实长方体表面上发出的，具有立体感。用大学课程里教授的光传播理论，我们可以严格地证明这些衍射光真实地再现了一个三维物体。不得不说，这是一个精妙绝伦的设计！全息技术的发明者——英籍匈牙利工程师丹尼斯·加博尔博士也因此获得了1971年的诺贝尔物理学奖。虽然他在1947年就高瞻远瞩地提出了全息照相的理念，但是我们开始也看到了，要拍摄全息照片就需要一种好的相干光源，而当时的光源都不能产生稳定的干涉条纹，所以加博尔博士的全息技术一直未能变为现实。直到1960年激光首次激发以后，最后一块拦路石被移开，全息技术才迅速地发展起来。

你可能注意到了，Visa信用卡上的小鸟并不需要用激光照明，即使在普通的光源下也能观看。这是因为信用卡上所使用的彩虹全息图像技术是对上面所描述的基本全息技术的一种改进，这一点我们留待在本章"探索与发现"一节中再为大家揭秘。我们先来看看如何自己动手，制作一张全息照片。

动手实践

关键材料列表

5mW以下的红色激光二极管（网络有售，购买时要注意选择"可调焦"型的红色激光二极管。如右图所示，铜套可以拧下来，从而使得激光发散。千万注意，直视5mW以上的激光会导致永久失明。为了你和他人的安全，请上网查阅激光安全知识以后再购买激光器）。

Litiholo全息底片。底片对波长为600~660nm的红光敏感。所以选购激光二极管的时候要留意它的波长，确保在这个范围内（有兴趣购买的读者可以到Litiholo公司的官网订购）。

在本章"闲话基本原理"一节中我们看到，制作全息照片的关键是激光和全息底片。20多年前，全息爱好者还要依靠笨重的氦氖激光器（见本书第2章），而随着半导体激光技术的迅速发展，廉价的激光二极管已经成为了制作全息的首选，大家可以方便地买到，而全息底片则相对难以得

到。由于我们需要记录非常细密的条纹（间距在600nm左右），一般照相机所使用的底片无法记录这么细致的图案，所以需要高分辨率的特制全息底片。大家在网上还能买到一些厂家生产的这种底片（一般称为全息干板）。但是这种底片用起来比较复杂，曝光量要严格控制，另外在曝光结束以后，还要经过化学药剂显影（就和冲洗普通胶卷一样），在这些步骤中，稍有差错都将导致底片无法呈现干涉条纹，全息制作失败。幸运的是，几年前一家叫作Litiholo的美国公司研发了一种无须后期处理的全息底片（见"关键材料列表"中的实物图），他们把高分辨率的感光材料夹在两块玻璃片之间，在拍摄过程中，被干涉条纹照射过的区域发生化学反应，自动完成显影，条纹就被永久地记录下来了。材料列表中展示的Litiholo全息底片中间的粉红色部分就是被干涉条纹照射过的区域，周围淡蓝色的部分是未经照射的区域。读者可以从Litiholo公司的主页上找到购买信息。八九个朋友一起凑钱买一套（不到700元），有20张底片，以及激光等其他配件。因为制作简单，几乎不可能失败，所以这个投入的产出比是非常高的。

　　我拍摄的物体是一辆红色的具有金属质感的玩具小汽车（见图11.7）。之所以用红色的具有金属质感的物体，是因为它强烈地反射红色激光，如果用毛绒玩具或者其他颜色（如蓝色）的物体，反射光就会很弱，从而最终的全息成像就会暗淡无光。

　　拍摄时可以按照图11.5所示的方式摆放激光二极管、玩具小汽车和全息底片。这种拍摄方式制作成的全息照片称为反射式全息照片，因为观看时激光是从底片上反射以后进入人眼的。信用卡上的小鸟也是一种反射式全息

图11.7　红色的具有金属质感的玩具小汽车

照片。我制作了另外一种透射式全息照片。其实两者原理完全一样，只要对激光二极管、玩具小汽车和全息底片三者的位置稍作调整即可（见图11.8和图11.9）。很多卓越的工程师和科学家在深入理解了全息技术的原理以后，还创造性地发展了其他很多种全息拍摄方式，包括本章开始提到的彩虹全息图。

　　拍摄过程中，由于全息底片对红光敏感，整个拍摄过程必须在比较暗的房间里进行，就像冲洗照片必须在暗室里完成一样。如果需要照明的话，可以用一盏蓝色的小LED灯，在只有蓝光照明的环境中，全息底片不感光，从而保护了底片中的感光材料。如果没有蓝色灯，可以用蓝色的记号笔把一个白色的小LED灯涂成蓝色。我的一位朋友在手机上下载了一张只有蓝色的图片，然后用这个来充当照明灯，也是很好的。

　　在将全息底片从它的遮光包装之中取出之前，我们要制作一个小的支架，可以使底片（用一块7.5cm×5cm的纸片模拟）与地面大约成80°角。对这个角度没有严格要求，只要能把底片稳定地斜靠在支架就可以了（见图11.10）。支架可以涂成深色，或选择表面不易反光的材料，减少在

拍摄过程中反射到底片上的激光。

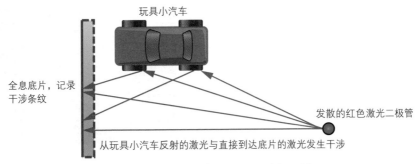

图11.8 透射式全息照片拍摄过程（俯视图）

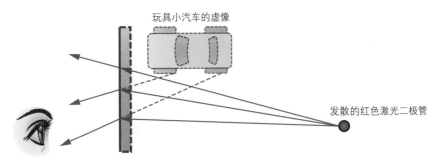

图11.9 透射式全息照片的观看（俯视图）

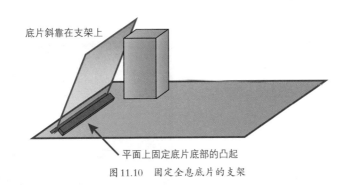

图11.10 固定全息底片的支架

　　接下来选择拍摄物体和拍摄地点，拍摄物体要能强烈地反射红光，如图11.7中的红色玩具小汽车，其大小应比底片小，这样才能完整地被记录在底片中。拍摄地点除了要比较暗，还要比较安静，没有人走动。因为底片最终要记录的条纹间距在600nm左右，如果有人在拍摄现场讲话，声波引起拍摄装置的振动都有可能会使这些精细的条纹左右移动，从而使底片不能记录稳定的干涉条纹，最终导致全息照相失败。为避免这个问题，可以将这套拍摄装置放在地板上（不要放在桌子等轻易可以移动的物体上），并用一块橡胶垫隔离地板的振动。

下一步是调整激光器、玩具小汽车和底片之间的相对位置。用一张纸片（7.5cm×5cm）模拟底片，如图11.11所示，拧下激光器的铜套使得激光散开，激光器摆放的位置应该使得玩具小汽车和纸片都能刚好被照亮。

调整妥当以后，挡住激光，为放入真正的底片作准备，如图11.12所示。在这个步骤中，可以等待几分钟，使激光二极管温度稳定下来，激光频率更加单一，有助于形成稳定的干涉条纹。要注意测试

图11.11　调整位置

一下在放入和拿开激光挡板时不会引起激光器或其他部件可以察觉的移动。

图11.12　等待激光二极管温度稳定

激光器持续点亮几分钟，并确保室内的安静和黑暗（除了存在微弱的蓝色灯光），将密封的全息底片取出，为了不在底片上留下指纹，应捏住底片的边缘。制作全息底片实际上是将一块薄玻璃黏在一块厚玻璃上，感光物质在两块玻璃之间。将薄玻璃所在的那一面朝向远离激光的方向，然后将底片轻轻靠在支架上（见图11.13）。稍候10s，等微小的振动衰减，然后轻轻移开激光挡板，此时，底片中的化学反应就开始进行了。这个曝光过程大约需要10min

图11.13　拍摄过程中

（曝光时间宜长不宜短，保险起见，可以曝光15min）。拍摄者可以轻轻离开拍摄的房间，10min之后再回来查看。注意离开时不要引起可以被察觉的声音，不要漏进室外光。10min之后，生米煮成熟饭，感光材料不会再发生变化。这时就不用担心其他光线或者振动会产生影响的问题了。

全息照片至此已大功告成，此时把玩具小汽车实物移开，按照图11.9的方式观看全息底片，就能看到一个栩栩如生的三维玩具小汽车虚像了，如图11.14所示。

图11.14 从各个角度观看玩具小汽车的全息照片

如果关闭激光器，打开普通日光灯，全息照片瞬间就变成了一块毫不起眼的玻璃片（见图11.15）。只有上面的七彩条纹（全息底片复杂的条纹对白光的衍射），还在透露着它神秘的身世。

图11.15 一块"普通"的玻璃片

由于全息照片的制作过程步骤比较多，而且都在暗室中进行，读者可以先按照上面的介绍，用纸片替代全息底片演练一遍，确认熟悉每个步骤后，再使用全息底片拍摄全息照片。最重要的是要理解全息技术的基本原理，这样就知道每一步背后的原因，操作起来就会了然于心了。

有朋友说，这全息底片可不好弄，还要跟美国公司进行跨国的买卖，国内的厂商有没有人生产呢？不幸的是，直到现在，全世界也只有美国这家公司做独一份的生意，名副其实地垄断了这个行业。如果你肯降低要求，倒是有一种"全息技术"不需要任何全息底片和全息干板，甚至连激光都不需要，只需要一把圆规（要把圆规的铅笔芯换成一根钢针），一块黑色塑料板和太阳即可。这个"全息技术"之所以要加引号，是因为它并不是真正意义上的全息技术，但是也能显示物体的三维图像，颇为有趣。图11.16展示了我用这种方法自制的一个立方体的三维图像。注意图中亮晶晶的立方体在不同视角下各个面的大小变化，就像是我们在看一个真的三维立方体一样。

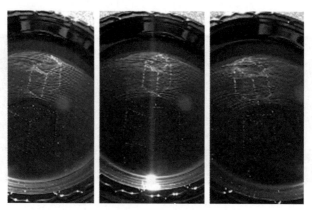

图 11.16　手绘"全息图"

要理解在图 11.16 中究竟发生了什么，最简单的办法就是找来一块黑色塑料片（如图 11.16 中所用的黑色塑料餐盘，或者 CD 盒的黑色背面等），然后按照图 11.17 所示的步骤绘制一个悬浮在塑料片底下的"V"字。首先在黑色塑料片上用记号笔写上一个"V"字，然后用圆规以"V"字底端那一点为圆心，画一段半径为 3cm 的圆弧［如图 11.17（左）所示］。注意，由于这里所用的圆规的两只脚都是尖头的钢针，所以这段圆弧实际上是钢针在塑料表面划出的一道浅浅的痕迹。然后移动圆心到"V"字上的另外一点，画出一道同样半径的圆弧。如此重复，直到各个圆心覆盖"V"字各处，形成图 11.17 所示的一组圆弧。然后将塑料片拿到太阳光底下，让太阳光被这些圆弧反射到眼睛中，我们就能看到每一根圆弧都形成一个亮晶晶的点，将所有点连起来，就形成了一个"V"字。有意思的是，当我们晃动脑袋，还能感觉到这个"V"字似乎是在黑色塑料片底下移动，而并不是在塑料片表面上。实际上，可以证明每一个亮点都是太阳光经过一段圆弧反射所形成的虚像，而且这个虚像恰好位于塑料片表面下 3cm（即每一段圆弧就像是一个焦距等于其半径的透镜）。

图 11.17　手绘"全息图"第一课

了解了这些，绘制一个图11.16所示的立方体就不难了。需要注意的是，如果仅仅是用记号笔画出一个正方体，然后用圆规沿着它画出若干半径相同的圆弧，那么我们最后得到的只是一个悬浮在黑色塑料片平面以下的二维正方体，当我们晃动脑袋时，并不会像图11.16所示那样看到正方体各个面变大变小。要呈现三维效果，就要注意到正方体上的各条边在空间中的深度是不一样的。比如正方体中间那条边最浅，它两旁的两条边（图11.18中的红色边）略深。很显然，在以红色边上的点作为圆心画弧时，我们要相应增大圆规的半径，增大量等于这两条边相对中间那条边在空间中深入的距离（图11.18中的红色圆弧半径比蓝色圆弧半径大）。

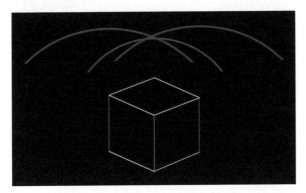

图11.18 如何绘制立方体的全息图像

这还算比较容易的，因为每一条竖直的边在空间中的深度都一样，所以可以用同一半径的圆弧覆盖。但是覆盖图11.18中的黄色斜边就比较困难了，因为上面的每一点在空间中的深度都不一样，所以覆盖它们的圆弧与上述情况不同，每相邻的两段圆弧的半径都略有差别。有一个简单的操作办法，那就是首先把这种线条的两个端点的圆弧画好（注意它们的半径不一样）。然后找到线段的中点，调整圆规半径，使得将要画的圆弧的顶点位于已经存在的两个圆弧顶点间的连线的正中间（大略估计即可，不必非常精确）。然后再找线段的1/4点、1/8点、3/4点等（即每条小线段的中点），重复上面的操作。基本上对每条边进行16等分，相应地画16段圆弧就足够了。当然，如果你有耐心画更多圆弧，线条会看起来更加连贯，"像素"更高。这样的线条在太阳下看起来像是向空间内延伸，而不是位于一个平行于塑料片的平面内，立体感就呼之欲出了。

探索与发现

在本章的"闲话基本原理"那一节留下了一个悬而未决的问题，那就是为什么信用卡上的全息图可以直接用普通白光进行观看，而我们自制的玩具小汽车全息照片要用激光。如果我们用白光照射玩具小汽车全息照片，还能看到玩具小汽车的三维图像吗？请看图11.19。

图11.19　普通白光照耀下的玩具小汽车全息照片

　　可见，在普通白光下（一个手电筒发出的光）全息照片也能呈现玩具小汽车的三维图像，但是图像不清晰，而且颜色繁多。这是怎么回事呢？我们知道，全息底片记录的是细密的干涉条纹，所以它就像是一个复杂的衍射光栅。而同一个光栅对于不同波长的光的衍射角度是不一样的。本章开始提到过，如果以CD作为光栅反射红色激光和绿色激光，可以看到红色激光散开的程度大于绿色激光，所以用白光照射玩具小汽车全息照片就会出现类似的情形，如图11.20所示。白光中不同波长的成分形成的三维图像并不重合，因为它们经过全息照片衍射以后，偏折的角度略有差别（图11.20中有所夸大）。这就是为什么在白光照射下玩具小汽车全息照片看起来五彩缤纷而且模糊不清。其实，如果我们能够使用颜色比较单纯的点光源，不一定非得使用激光，也能看到比较清晰的全息照片。

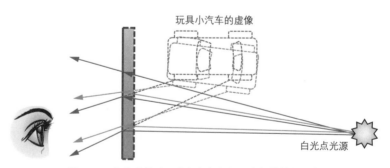

图11.20　白光照射下玩具小汽车全息照片变得模糊不清

　　全息照片只能使用单色光观看引起了一些不方便，从20世纪60年代首次使用激光实现了拍摄和观看全息照片以后，大家就在想能不能制造出一种使用普通白光就能看的全息照片呢？这看起来是个非常困难的任务，但是还真有聪明人找到了解决方案。1968年，美国工程师斯蒂芬·本顿提出了"彩虹全息图"的概念，这个解决方案来源自对普通全息照片在白光照射下所出现的问题的分析。我们仔细观察图 11.20 就会发现，距离全息底片比较近的车头的虚像在红光和绿光的照射下差别不是很大，而距离全息底片最远的车尾的虚像则在这两种光的照射下，错开得比较远（实际上我们在图 11.19 中也能看到这样的倾向，只不过照片拍得不是很清晰）。可以用数学公式证明，距离全息底片越近的虚像在白光照射下的模糊程度越低。其实这是很容易从直观上理解的，图 11.21 展示了这一点。最极端的情形是当虚像点位于全息底片之上时，各种颜色的光经过底片衍射以后，虽然出射角度各不相同，但所有颜色的虚像都落在同一点上。

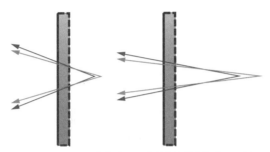

图 11.21　距离全息底片不同的虚像点模糊程度不一样

本顿先生注意到了这一点，他想，如果我们能在拍摄的过程中让物体更加靠近全息底片，那么所成的虚像在白光中会更加清晰。但是我们最多只能把车头碰到底片，没办法更靠近了。本顿先生凭着他对光学和全息技术的深刻理解，采取了一种非常简洁但是很有效果的办法缩短玩具小汽车与全息底片之间的距离，如图 11.22 所示。他在玩具小汽车的实物与底片之间放一块凸透镜[1]，玩具小汽车位于凸透镜的焦距之外，所以玩具小汽车通过凸透镜成实像。通过调整玩具小汽车、透镜和全息底

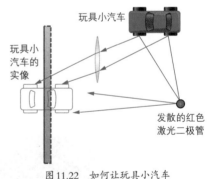

图 11.22　如何让玩具小汽车与全息底片靠得更近

片之间的距离，使得玩具小汽车的实像"横跨"全息底片。通过激光观察这样拍摄的全息底片时，我们看到的玩具小汽车虚像就和图 11.22 中的玩具小汽车实像所在的位置一样，车身中间处于全息底片上，车头在全息底片前，车尾在全息底片后。这样用白光观察全息相片时，车身中间不会模糊，车头和车尾的模糊程度也降低了很多，平均起来这是模糊程度最低的情况。

让我们回过头来看 Visa 信用卡上的那只小鸟，图 11.3 告诉我们，小鸟全息照片的干涉条纹的轮廓也是一个小鸟的形状；而在本章的"动手实践"小节的关键材料列表的第二幅图中，我们看到玩具小汽车全息照片上干涉条纹的轮廓（粉红色部分）与玩具小汽车一点也不相似。现在你应

[1]　注意，历史上本顿先生最早的发明并不是用一块透镜来成实像，而是通过更为复杂的"两步法"来达到这个目的。这种使用透镜成实像的方法称为"一步法"，是其他工程师对本顿先生方法的改进。

该明白这其中的奥秘了吧。拍摄小鸟的全息照片时是用透镜在全息底片上的小鸟的实物进行成像，所以干涉条纹就局限在小鸟的全息照片内；而在玩具小汽车全息照片上，只要是玩具小汽车反射光照到的地方都有干涉条纹，所以没有明确的形状。

为了进一步提升白光照射下全息照片的清晰度，本顿先生又引入了另一个关键的步骤，在拍摄全息照片时，他在玩具小汽车实物和凸透镜之间加上了一个狭缝，如图11.23所示（狭缝也位于透镜焦距之外）。这个狭缝连同玩具小汽车经过透镜成实像以后，玩具小汽车实像依然落在底片上，而狭缝的实像则远离底片。那么如果用激光观看这个底片，我们看到的就是狭缝和玩具小汽车一起存在的三维图像，即我们就像是透过一个狭缝来观看玩具小汽车。实际上，这一点可以从信用卡上的小鸟全息照片得到验证。如果我们用单色激光而非白光照亮小鸟照片，我们看到的只是一条亮斑，如图11.24所示，就像是透过一个空间中无形的狭缝观看小鸟一样。

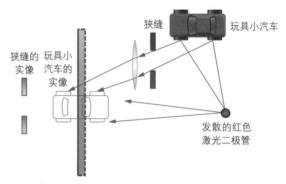

图11.23　在透镜和玩具小汽车之间加入狭缝，更进一步提高清晰度

图11.24　小鸟全息照片在单色激光的照射下

那么，这个狭缝怎样提高图像的清晰度呢？这一点可以从图11.25中得到了解。在白光点光源的照射下，玩具小汽车的车头和车尾较模糊，但是注意，对于不同颜色的光，狭缝的实像的位置也不一样。图11.25所示的绿色激光照射下的狭缝的实像与红色激光照射下的狭缝的实像完全

错开了，那么当我们在如图11.25所示的位置上观察时，我们看到的就只是由红色及其近邻颜色所组成的玩具小汽车实像，所以玩具小汽车的颜色比较单一，图像也比较清晰，而不是多种颜色重叠在一起组成的模糊图像。当我们向上看时，就能看到玩具小汽车的图像渐渐地由红变绿，最后变紫，就像是彩虹一样（这也是为什么它叫作彩虹全息图）。也就是说，通过巧妙地增加一个狭缝，我们把各种颜色、不同波长的光所形成的玩具小汽车三维图像在空间中区分开了。这样人眼每次看到的都是颜色相对单一的图景，不同颜色的光重叠造成的模糊现象也大大地减少了。然而这样做的代价是，在垂直狭缝方向移动眼睛，基本看不到物体的立体效果，只能看到颜色的变化；而在平行于狭缝的方向移动眼睛，则能看到立体效果，颜色保持不变。你可以把信用卡拿出来，仔细端详一下，看看里面的门道是不是如我们刚才所讨论的这样。

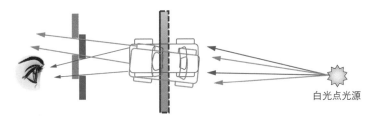

白光点光源

图11.25 如何利用狭缝提高图像清晰度

彩虹全息使全息照片的观看摆脱了激光的束缚，成为了防伪商标、艺术作品等的宠儿。只要你留意，还能在很多地方找到它们的身影，而且能以专家的身份向朋友指出其中的奥妙（就像我在本章中絮絮叨叨说的这些一样）。世界上第一本使用彩虹全息图作为封面的杂志是美国国家地理杂志1984年3月号，当年刊印了1000万份，全球发行。这作为激光和全息技术历史上的一件里程碑式的事件永垂科技发展史。我一直想买一本回来珍藏，写作本章时终于付诸实践，请见图11.26（价格很便宜，大家在国内的网站上也能买到）。说起来这本杂志可能比我稍微年长几天，我得尊称它一声大哥了。有趣的是，这期杂志的前一小半是关于中国少数民族生活的内容，有很多精美的照片，后一小半才是关于激光及全息技术的内容。当我小心翼翼地翻开它，闻到的是1984年新春的味道。

图11.26 第一本使用彩虹全息图作为封面的杂志

第12章

五角星引发的物理学

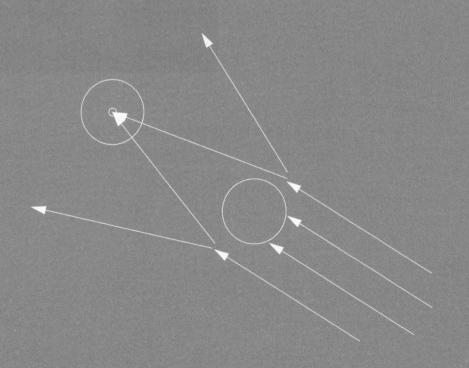

一分钟简介

　　本章由分析五角星中涉及的光波的衍射现象入手，指出只有5个角的星星是不存在的，并通过亲手实验来证明这一点。由此引申，将介绍两个在人类对光本性的认识过程中有着划时代意义的实验——泊松亮斑和迈克尔逊干涉仪。通过亲手实践，我们来感受光的'脉搏'。

闲话基本原理

　　世界上很多国家的国旗上都有五角星，可见人类对于星星长什么样的认识是一致的。可是为什么星星要有角，而且还是5个角呢？如果你的脑海深处还保存着儿时在晴朗的夏夜观看漫天繁星的情景，那么你一定记得星星们都是一闪一闪、光芒四射的。恰如经典歌曲所唱："天上星星亮晶晶，一闪一闪像眼睛。"星星闪烁是因为大气的流动，扰动星光，从而使得星星忽明忽暗。星星光芒四射则是因为人眼的瞳孔并非完美的圆形，而是稍微有些棱角的，这些棱角对一个点光源形成了衍射而造成了星星周围的光芒。就像图12.1所示的夜晚灯火，在相机的多边形光圈的衍射下，形成了美丽的图案。所以我们感觉星星长的"角"就是来自瞳孔的衍射。

图12.1　灯光在相机的多边形光圈的衍射下形成的图案

　　但是，为什么我们要给星星画5个角，而不是更多或者更少的角呢？从审美上来说，5个角看起来很稳定，像一个人一样，有头、双手和双脚。而且5个角绕着圆周均匀分布，也不会显得拥挤或者稀疏。然而，从光的衍射理论上来说，5个角是不正确的，无论人眼瞳孔的形状如何，都不可能出现5条衍射光芒。下面我们通过亲手实践来证实这一点。

　　我们高中时都学过光的单缝衍射，如图12.2所示，两块刀片被吸附在一块磁铁上，调整刀片之间的距离，然后，激光二极管发出的激光通过这条狭缝照射到墙上，我们就能看到美丽的单缝衍射图案。可以认为，光波像是个叛逆的文艺小青年，你越是约束它，它越是"天马行空"，爱"乱跑"。所以当我们用狭缝在水平方向上给予其约束时，它就在水平方向散得很开，形成了两道光芒。

　　想象一下，如果我们把两条狭缝垂直地放在一起，形成一个矩形孔，也在竖直方向上约束激光，那么可以预见，它会在竖直方向上也散得很开，形成4道光芒，如图12.3所示。

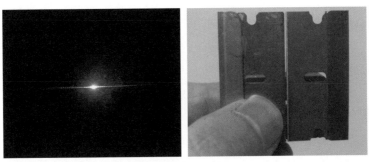

图 12.2　光的单缝衍射

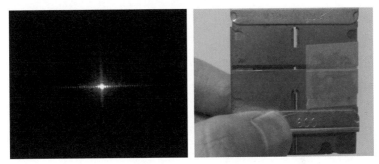

图 12.3　矩形孔的衍射图案

　　根据目前的实验结果我们可以总结一下，两条边的狭缝形成两道光芒，4条边的矩形孔形成4道光芒。那么我们有理由相信，3条边的小孔形成3道光芒，5条边的小孔形成5道光芒。我们来试试看，图12.4展示了一个三角形小孔的衍射图案，哈！我们看到了6道光芒！

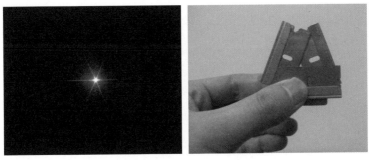

图 12.4　三角形小孔的衍射图案

五边形小孔制作起来稍微麻烦一点，读者可以试一试。但是我想大家可以猜到，五边形小孔的衍射图案应该是10道光芒。那有没有形成5道光芒的时候呢？很抱歉，还真没有。光的波动学告诉我们，衍射光芒都是成对出现的，所以必定是偶数道光芒。

我们对于光的本性的探索可谓由来已久。古希腊人认为光是自人眼伸出去的无形的触须，这些触须碰到什么东西我们就能看到什么东西。到了牛顿时代，大家普遍认为光是一种在空间中传播的微小颗粒，直到清嘉庆二十三年，公元1818年，有一位叫作菲涅耳的年轻人向法兰西科学院递交了一篇讨论光的本性的论文。论文指出，光是一种波动，就像水波、声波一样。光波遇到障碍物会产生衍射，绕到障碍物后面传播，不同的光波相遇时可以发生干涉现象，形成明暗条纹。这个理论可以很好地解释当时最新的研究成果，杨氏双缝干涉实验。

其时，法兰西科学院大师云集，审阅菲涅耳论文的是大数学家泊松。泊松是牛顿的坚定追随者，所以他在以极度怀疑的态度看完了菲涅耳的论文以后，敏锐地找到了其中的"破绽"。根据菲涅耳的理论，如果我们把一束平行光照射到一个小球上，那么在小球影子的正中间将会出现一个亮点（见图12.5）。这是因为小球虽然挡住了照射到它身上的光，但是它也扰动了从它旁边穿过的光线，从而引起了光的衍射。当这些衍射的光线在小球影子的正中间相遇时，它们都经过了相同的路程，所以具有相同的相位及干涉相长，那里应该出现一个相对明亮的点（当然与影子外面的直接受到光照的地方相比还是相对暗淡的）。影子中间有个亮点？这太违背常识了嘛！所以他当时认为菲涅耳的理论是错误的。

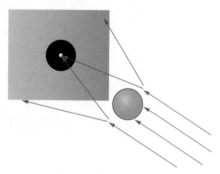

图12.5　泊松亮斑的形成

泊松和菲涅耳都是理论物理学家，只能坐在书房里思考计算，谁也不服谁。这时法兰西的实验物理学家阿拉戈站出来说，大家先别争论了，实验是检验真理的唯一标准（阿拉戈先生后来华丽转身，改行做了法国总理）。经过仔细的实验，阿拉戈先生宣布，他的确看到了在圆球影子中间的这个亮斑！从此，光的波动理论开始为世人所重视，最终取代了牛顿提出的光的微粒学说。奇怪的是，这个亮斑最后还是以泊松的名字命名的，虽然他最初是不相信其存在的。

当年阿拉戈先生做实验时，没有很好的光源，所以观测比较困难。而现在我们很容易就能得到廉价而强有力的激光，重现泊松亮斑就变得很容易了。

动手实践

实验材料非常简单——我们的老朋友激光二极管，以及一个直径为2mm左右的小钢珠（在修自行车的店铺中有很多这样从轴承上卸下来的小钢珠）。接下来的事情就很简单啦，如图12.6所示，大家可以自己设计如何把小球悬挂在空中，我是用一根磁化了的缝衣针把小球吸附在了尖端。

然后把房里的灯关掉，凑近观看小球的影子，就会发现在影子正中间的确有一个微弱的亮斑，如图12.7所示。我们还能看到在小球和钢针周围形成的衍射条纹。如果小球的直径更小，我们还能看到影子中间除了存在泊松亮斑外，还有一些同心的明亮圆环，这些也都是衍射光干涉形成的。

图12.6　泊松亮斑的实验

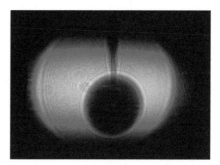

图12.7　观察泊松亮斑

在科学史上，另外一个具有重要影响的光干涉仪器叫作迈克尔逊干涉仪。19世纪末，美国物理学家迈克尔逊通过一系列光的干涉实验，证明光在任何参考系中的速度都是恒定的。这为后来爱因斯坦先生提出狭义相对论奠定了实验基础。迈克尔逊干涉仪的构造如图12.8所示。激光笔发出的激光射向完全反射镜A，但是在遇到完全反射镜A之前，它首先碰到了一块分光镜（允许一部分光通过，一部分光反射的镜子。一块普通的玻璃就可以用作分光镜），一部分光透过分光镜继续前进，一部分光被反射，转而朝完全反射镜B运动。这两束光在抵达完全反射镜A和完全反射镜B以后，被完全反射。完全反射镜A反射的光遇到分光镜，一部分光被反射向左边；完全反射镜B反射的光遇到分光镜，一部分光透过它继续前进。然后这两束光最后在干涉屏上相遇。取

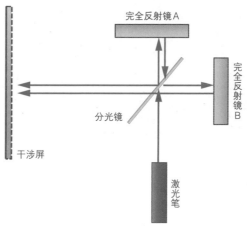

图12.8　迈克尔逊干涉仪的构造

决于各自经历的路程差1/2个是光波波长的偶数倍还是奇数倍，它们要么干涉相长（路程相差1/2个波长的偶数倍），要么干涉相消（路程相差1/2个波长的奇数倍），在干涉屏上形成美丽的干涉条纹。由于从干涉相长到干涉相消只相差1/2个波长，这些干涉条纹对于光所经过的路程长度的微小变化非常敏感。如果某个反射镜移动了几百纳米，我们就能看到干涉条纹的移动非常明显（红色激光波长为650nm左右）。所以我们可以用它来测量非常精细的振动。

如此高精度的仪器，我们自己制作一个其实也不难。找来两块小镜子，一块玻璃片（如显微镜用的载玻片）就可以了，见图12.9。把两块镜子拼成一个直角（要求不严格），把玻璃片用一个焊接台夹住，方便调整其位置。稍微拧开一些激光二极管的聚焦头，这样照射到反射镜上的就是一个比较大的光斑而不是一个点。

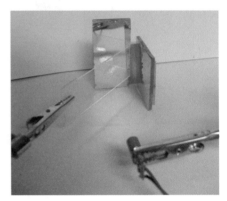

图12.9　自制迈克尔逊干涉仪

通过这个装置照射干涉屏（也可以是白色的墙壁或者一张白纸），我们可以看到图12.10（A）所示的两个光斑，一般情况下，这两个光斑并不重合。这时，我们需要小心调整分光镜的位置和角度，来使这两个光斑尽量靠在一起。这时候可以用光斑上的一些结构来充当向导，如图12.10（A）中的光斑左下部分有一个圆形结构，这可能是激光聚焦透镜上的一些小灰尘引起的。在调整分光镜时，就可以努力让这两个光斑中的圆形结构重合。当它们接近完全重合时，我们就能看到图12.10（B）所示的美丽圆环形干涉条纹了。

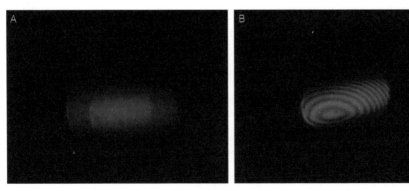

图12.10　干涉条纹的形成

调整的过程需要耐心和细致，因为两个光斑稍微错开一点，干涉条纹就消失了。为了能够更精确地调节光斑的位置，我们需要一种可以细致地调节分光镜或者反射镜装置。当年我在亚利桑那大学物理系厮混时，那里有丰富的机械加工条件，所以我就得以制作了图12.11所示的看起来颇为专业的迈克尔逊干涉仪。你可以看到，分光镜是固定的，两面完全反射镜的倾角可以通过旋转它背后的3根螺丝钉来调整。完全反射镜粘贴在一块小木板上，小木板通过一根弹簧连接到L形铝制固定架上，3根螺丝钉抵住小木板，使得弹簧稍微拉伸。这样旋转螺丝钉就能细微地改变完全反射镜的倾角，调整光斑的位置就变得轻而易举了。实际上这种调节装置在真正的光学研究中应用很广泛，通过螺丝，把沿某一个方向的直线运动转换成其垂直方向上的圆周运动，实现了把微小位移放大的作用（我们拧一圈螺丝，它只在直线方向上运动很短一段距离）。

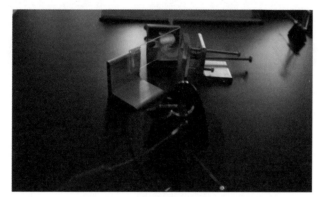

图12.11　更专业的迈克尔逊干涉仪

探索与发现

迈克尔逊干涉仪以超高的灵敏度，被科学家们用来探测非常微小的距离变化。目前一项多国科学家参与的大科学项目LIGO（Laser Interferometer Gravitational Wave Observatory，激光干涉引力波观测台），就是数台散布于全球的巨型迈克尔逊干涉仪（见图12.12）。这些干涉仪的完全反射镜与分光镜之间的距离在3~4km，它们的目的是探测空间距离在引力波的作用下出现的微小伸缩。根据爱因斯坦先生的广义相对论，遥远的、大质量的行星在绕着彼此旋转的过程中，会释放出引力波，就像声波一样在空间里传播。声波是空气的周期性压缩和扩张的过程，而引力波则是空间与时间的周期性压缩和扩张的过程。这样的引力波到达地球时，就会引起LIGO两面完全反射镜与分光镜之间的距离的变化，从而导致干涉条纹的移动。2015年，这个庞大的实验计划正式全面运行不久，人类就探测到了第一个引力波事件。根据推算，这次引力波来自13亿年前一个双黑洞系统的合并。此后不久，2017年的诺贝尔物理学奖就授予了LIGO实验的3位卓越领导者。其中一位是巴里·巴里什教授，他曾于2019年到访我所在的大学和我们座谈。当时，我好奇地问他，LIGO是如何做到有那么长的干涉臂却能保持那么高的探测精度的？他笑笑说，没什么神奇的，干涉臂减震用的就是类似汽车中使用的减震系统。

图12.12　位于美国华盛顿州的一台LIGO巨型迈克尔逊干涉仪

　　人类对于光的认识的发展从未停止过，自从泊松亮斑被观察到以后，菲涅耳关于光是一种波动的理论开始被大家广泛接受并运用，但是这种波动究竟是靠啥东西的运动传递却并不明了（如我们知道声波是空气分子的运动传递的）。数年之后，英国理论物理学家麦克斯韦先生根据法拉第等实验物理学家的观察结果，写下了著名的描述电磁波的麦克斯韦方程组（我们在逆磁悬浮那一章讨论过），并指出光其实就是人眼可见的电磁波（波长处于390~790nm）。

　　光的波动理论至此算是登峰造极了。然而凡事都有可能乐极生悲，在19世纪末期，几个"奇怪"的实验结果困扰着笃信光的波动理论的人们——一个是光电效应，一个是黑体辐射（我们将在"给太阳量体温"一章中讨论黑体辐射）。实验科学家们观察到，当蓝光，或者紫外光照射到金属表面时，能够激发出电子，这被称为光电效应。这倒是不难理解，光波的能量被电子吸收了，从而电子可以逃脱金属晶体中带正电的粒子的吸引。但奇怪的是这些逃脱出来的电子的动能与入射光的明亮程度无关，只与它们的颜色（频率）有关。而且用同一颜色的光照射金属，激发出来的电子的动能总是一致的。按照光的波动理论，越明亮的光能量越强，那么被它照射到的电子就会吸收更多的能量，所以电子逃脱出来时应该具有更大的动能；而且电子也可以待在金属体内积累一些光波的能量后再跑出来，积累的时间可长可短，所以逃脱出来的电子的动能应该有一定的分布，而不是单一值。

　　这些实验的结果导致人们不得不重新审视光的波动理论。然而传统观念深入人心，哪里是那么容易找到突破口的？幸亏这时有一位"传统知识学得不好"的年轻人横空出世了，这便是爱因斯坦先生，还有与之同时代的普朗克先生，他们分别在处理光电效应和黑体辐射这两个问题上找到了突破口。他们的新理论指出，光的能量是一份一份在空间中传播的，这每一份光的能量场不能再被细分，也不能将两份光的能量拼凑在一起组成一份。这一份光的能量就像是一个粒子一样，我们称为光子或光的量子。每个光子的能量与组成它的电磁波的频率成正比，$E=h\nu$，其中E是这个光子的能量，v是它的频率，h是一个比例常数，称为普朗克常量（$h \approx 6.63 \times 10^{-34}$J·s）。这样，光电效应的所有谜题都得到了完美的解释。正因为光子的能量只与其相应电磁波的频率有关，而与其亮度（单位时间内通过单位面积的光子个数）无关，所以逃脱出来的电子的动能只与入射光的颜色有关。也正因为光子的能量是一份一份的，每一份都相同（对于单色光），所以逃脱出来的电子的动能是单一值。

自此，人类对于微观世界的认识进入了量子物理时代，量子世界中各种物理量的度量都是与普朗克常量紧密相关的。这个数字看起来或许太小，与我们生活的世界离得太远，其实不然。以波长为650nm的红光为例，其频率为：

$$v = \frac{c}{650} = \frac{3 \times 10^8}{650 \times 10^{-9}} = 4.6 \times 10^{14} \ (\text{Hz})$$

那么对应的每一个红光光子的能量为$E = hv = 6.63 \times 10^{-34} \times 4.6 \times 10^{14} \approx 3 \times 10^{-19}$（J），这还是一个很小很小的数字。但是，在普通红光二极管，或者是红色激光二极管中，每个光子的能量等于电子从高能带跳跃到低能带时释放的能量（请参考本书第2章），或者我们也可以认为是电子从负极运动到正极所减小的电势能，这个能量等于电子电荷乘以正负极的电势差。我们来看要释放出一个能量微乎其微的红光光子需要多大的电势差：

$$v = \frac{E}{e} = \frac{3 \times 10^{-19}}{1.6 \times 10^{-19}} \approx 2 \ (\text{V})$$

也就是说，至少需要在二极管两端加上2V的电压才能产生一个红光光子，这就是为什么红光二极管至少需要2V以上的电压才能工作。你看，量子物理并不只存在于耗资巨大的实验室里，实际上它就在我们身边[1]。

我们认识到了光是由一个个光子组成的，然而，本章中描述的干涉实验都明确地告诉了我们光是一种波动。那么它到底是波动还是粒子呢？这个复杂问题的答案倒是挺简单的，那就是光既是波动又是粒子，或者说光是波动着的粒子。只不过这种波不再是我们通常认为的电磁场的波动，而是电磁场的一小份能量（光子）在时空中出现的概率的波动，干涉现象则是这种概率波（而非电磁波）之间的干涉。以迈克尔逊干涉仪为例，按照量子物理的观点，每一个红光光子都有两种可能通过的路径到达干涉屏，如图12.13所示，经过完全反射镜A的路径和经过完全反射镜B的路径。如果两条路径一样长，则光子的概率波通过这两条路径到达干涉屏时具有相同的相位，干涉相长，在干涉屏上出现一个亮点。如果两条路径相差1/2个波长（一个光子的概率波的波长和频率就是经典物理中相应电磁波的波长和频率），则光子的概率波通过这两条路径到达干涉屏时相差180°的相位，干涉相消，在干涉屏上出现一个暗点。很多不同的光子通过这两条路径到达干涉屏，有的出现亮点，有的出现暗点，于是拼出了图12.10（B）所示的干涉条纹。这

[1] 在量子物理中，我们通常用电子伏特（eV）而不是焦耳（J）来作为能量的单位。这样就能把微观世界的物理量和宏观世界的物理量更清晰地联系起来。

位说了，用光子来描述迈克尔逊干涉仪实在是多此一举，只不过是把经典物理中的电磁波叫作概率波而已嘛。然而，这两种观点有一个非常重要的区别，即经典物理认为从激光二极管发出的光经过分光镜被分成了两束，在干涉屏上观察到的干涉条纹是两束光的干涉产生的；而量子物理认为从激光二极管发出的某一个光子可通过两条路径到达干涉屏，所以干涉条纹中的任意一点都是由某一个光子自己与自己发生干涉产生的。也就是说，量子物理认为参与干涉的不是两束光，而是一个光子。

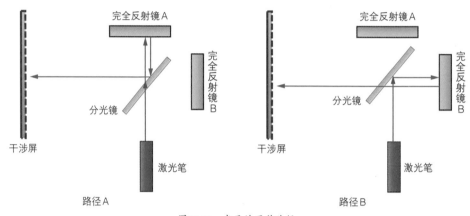

图 12.13　光子的两种路径

在量子物理中，一个粒子（可以是光子，也可以是电子、原子、分子等各种物质）从空间中的某一点出发到达另外一点，如果有多条路径，经过这些路径的概率波必定会相互干涉，导致粒子在空间中的分布出现"明暗相间"的干涉条纹，即有些地方出现这个粒子的概率大，有些地方出现这个粒子的概率小。如果你觉得用量子物理的观点来理解迈克尔逊干涉仪实验实在是杀鸡用牛刀，那么，现代物理学家们经常用原子束或电子束来做杨氏双缝干涉实验，也能在干涉屏上看到明显的干涉条纹，我们总不能还用电磁波干涉来解释了吧？图12.14展示了电子双缝干涉实验的图片，在实验中，电子束的电子密度很低，所以图12.14（A）展示了只有11个电子经过双缝后到达干涉屏形成的干涉图样。根据量子物理理论，每一个电子经过双缝都会自己与自己发生干涉（或者说它的概率波被分成了两束，这两束概率波之间发生干涉），所以这看似随机的图样实际上是概率波干涉的结果。电子撞到干涉屏的位置是两束概率波干涉相长或接近干涉相长的地方。随着时间流逝，越来越多的电子到达到干涉屏，直到图12.14（E）记录了14000个电子经过双缝后到达干涉屏形成的干涉图样，双缝干涉的条纹变得清晰起来。显然，这种现象不能用经典物理来理解，一个粒子怎么可能和自己发生干涉呢？用量子物理来解释，赋予每个粒子概率波，并认为概率波被分成两束，然后形成干涉，就可以理解图12.14的结果了。

（A）　　　　（B）　　　　（C）　　　　（D）　　　　（E）

图12.14　电子双缝干涉实验

读罢本章，想必你对量子物理感觉更加迷惑了，那么请找来大师费曼写的小书《QED：光和物质的奇异性》，跟随量子物理的祖师之一来学习这上乘的功夫吧。

大音叉、小音叉

第 **13** 章

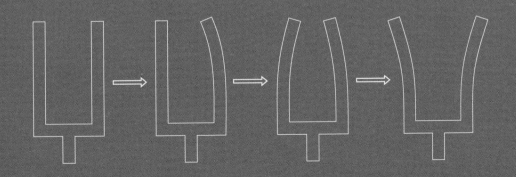

一分钟简介

❝　本章介绍各种音叉的有趣故事。通过测量普通音叉在发声时声音强度在空间中的分布，我们可以探索声波的干涉现象，并澄清一个由来已久的误解。然后我们将目光转向无处不在，但又常被人忽视的石英小音叉，来看它在现代前沿物理实验中的奇妙运用。❞

闲话基本原理

图13.1　其貌不扬的音叉

　　音叉，可能大家都听说过，或许不少人还见过，一般它是由铝或铜制作而成的，可以发出长久悦耳的单音。给吉他或其他弦乐器调音的时候，我们可以用音叉发出的音作为基准来调节琴弦的松紧度。图13.1展示了一个我自己通过弯折一根铝条制作而成的"山寨版"音叉。虽然其貌不扬，但的确能产生悦耳的单音，并达到"余音绕梁，十秒不绝"的效果。

　　但是，为什么音叉要制作成这么奇怪的形状呢？你或许注意到了，如果握住一根金属条，直接敲击地面，它只能发出非常沉闷的声响，而且很快就消失了。但如果这根金属条从空中坠落，撞击地面并被弹回，我们就能听到清脆的声音，在金属条最终"歇"在地面上之前，这个声音都会不绝于耳。这是因为金属条被撞击以后发生振动，如果它是被手握住的，则振动传递到手上很快就衰减了，所以它发出的声音短促而沉闷；如果它是悬空的，则被撞击时获得的弹性势能可以存储在金属条里，慢慢地衰减，从而使得金属条长久地振动，发出清脆悠扬的声音。你可能会问，音叉也是被人握在手上的，为什么它会发出清脆的声音呢？我们来看图13.2。

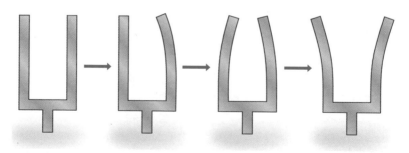

图13.2　音叉发声过程

　　图13.2描述了一个音叉被撞击以后发生的情况。假设它的右臂被敲击了一下，那么它的尖端部分会向左弯曲（图中进行了夸张），并且由于获得了敲击给予的动量，整个音叉都试图朝左边运动。由于惯性作用，音叉左臂靠近尖端的部分的运动比底部靠近横梁的部分的运动慢一些，所以它就会向右弯曲（图中进行了夸张）。这样，两根金属臂都储存了弹性势能。并且由于两臂的质量、材质、形状都一样（换句话说，它们具有相同的弹性系数），并关于音叉的把手对称，所以很快左右两臂的振动幅度就达到一致了，且相位恰好相差180°，即它们的运动方向刚好相反。这样一来，两臂在振动中对于横梁的作用力总是相抵消的，在横梁正中间的把手不会感受到左右臂的振动。存储在音叉两臂中的弹性势能不会通过握住音叉的手衰减，而只会通过与空气摩擦，以及金属材料变热来被缓慢地消耗，所以音叉通常能发出很长久的清脆声音。如果突然握住音叉的一臂（不需要握住音叉两臂），则由于图13.2中对称的运动方式被破坏，音叉另一臂的振动也很快地通过音叉把手衰减，声音就会戛然而止。

　　通过这种对称的结构来产生悠扬音效的乐器可不在少数，如山寺古钟，横截面铸成圆形，悬挂点是圆心。撞击古钟以后悬挂点并不会感受到振动，弹性势能衰减缓慢，所以古钟才能持久低吟，激起闻者的万千思绪和诗情。

　　除此之外，音叉还有一个有趣的特点，就是如果绕着正在发声的音叉一周（或者在耳边旋转音叉），我们能听到忽高忽低的声音。我记得似乎是在初中物理课上，老师给我们演示过这个现象。教科书上解释说，这是由于音叉两臂所发出的声波彼此干涉，在空间中有些地方干涉相消，在有些地方干涉相长，所以才会有声音强度的变化。不像光波的干涉随处可见，声波的干涉是生活中颇为稀罕的事情。所以如果我们能定量地测量这种现象，从而推测出声波的波长，这将是个有趣的实验。

动手实践

　　要记录声音在空间中的分布，我们还是要用"绝世经典"的玩具乐高Mindstorm，在它里面配备了一个声音传感器。当然，熟悉电子的读者也可以用一个小话筒来自制一个声音传感器，用单片机取代乐高来记录数据。我就偷了个懒，用乐高现成的零件搭建了图13.3所示的声音强度测量装置——用乐高搭建的声波干涉测量仪。我还找来一根品质好一些的音叉，声音衰减得比我自制的音叉更慢，方便乐高从容不迫地记录数据。音叉被一个架子倒悬在空中，将声音传感器固定在乐高的"大脑"——控制模块上。它们由一个电动机带动，可以绕着音叉旋转，采集各地的数据，这就像我们在测量微波泄漏那一章所做的那样。最后，通过仔细摆放乐高，确保声音传感器旋转的圆心位于音叉正中间，这样我们测量到的声音强弱变化就不是距离音叉的远近不同导致的了。

　　接下来敲响音叉，启动乐高，电动机带动声音传感器绕音叉两周，然后把乐高记录下来的数据传到计算机上并作图，如图13.4所示。其中，横坐标的数值表示绕音叉转动的圈数，代表声音传感器的位置，纵坐标的数值表示传感器记录的声音强度。

图13.3　用乐高搭建的声波干涉测量仪

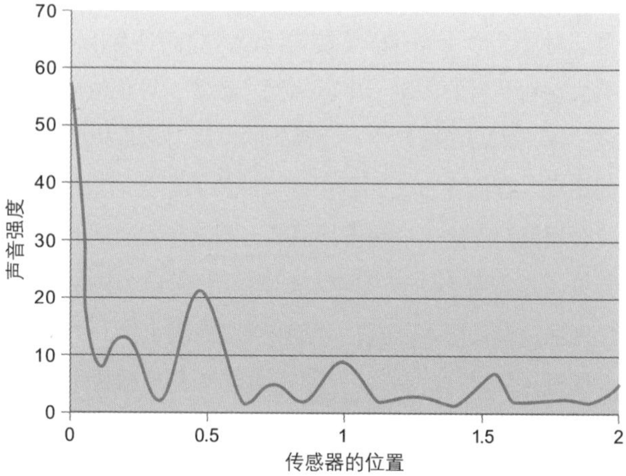

图13.4　声音强度在音叉周围的变化

传感器在0位置的时候，位于图13.5（A）所示的地方；传感器在0.25位置的时候，位于图13.5（B）所示的地方；传感器在0.5位置的时候，位于图13.5（C）所示的地方。

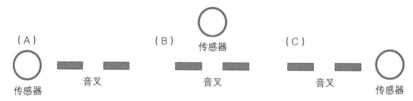

图13.5　传感器位置示意图。（A）0位置；（B）0.25位置；（C）0.5位置

结合图13.4和图13.5的信息，我们可以了解到音叉周围的声音强度的确在变化，其分布如图13.6所示。注意到由于声音强度随时间衰减，所以当声音传感器绕了一圈回到出发点时（图13.4中的1位置），声音强度也比刚开始要弱了，我们要把这个因素剔除。从图13.6可以看出，在音叉斜对角线上声音最弱，而在音叉两侧声音最强。

至此，我们完美地重现了初中物理课本上的实验，并清晰地看到了声音强度在空间中是如何变化的。做完这个实验以后我在想，如果这种声音强度的分布是音叉两臂发出的相同频率的声波干涉的结果，那么我们应该可以从中推导出声波的波长。这一想可就麻烦了，我发现这种被我作为常识的音叉干涉理论是有问题的。我使用的音叉的频率是125Hz，声波在空气中的传播速度大约是340m/s，那么音叉发出声波的波长为340/125=2.72（m）。音叉的两臂为波源中心，它们之

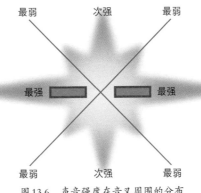

图13.6　声音强度在音叉周围的分布

间的距离约为0.02m。按照这些数据，我们可以计算出因为干涉在空间中形成的声音强度的分布。一个波源发出的声波强度可以用

$$\sin\left(\frac{2\pi}{\lambda}r+2\pi vt\right)$$

来表示，其中λ为声波波长，v为其频率，r为空间中某点与某个波源间的距离。因为有两个波源，所以空间中某一点的声波强度为：

$$\sin\left(\frac{2\pi}{\lambda}r_1+2\pi vt\right)+\sin\left(\frac{2\pi}{\lambda}r_2+2\pi vt\right)$$

即把两个波源的贡献都考虑进来了。把上述表达式画出来，如图13.7所示（使用数学软件Mathe-matica作图），声波强度在空间中的分布基本上是均匀的，只有在沿着音叉两臂的延长线上由于干涉声音略弱，其他地方的声波强度就等于两个波源的直接相加，或者说其他地方都是干涉相长的。这个结果与我们所测量到的（见图13.6）没有丝毫共同点。但是仔细一想，得到图13.7的结果也是情理之中，因为这里两个波源间的距离相对于波长而言非常小，空间中任意一点与两个波源之间的距离之差最大也不过就是0.02m（沿着音叉两臂的延长线上的点），转化成相位之差为：

$$0.02\text{m}\times\frac{2\pi}{\lambda}=0.02\text{m}\times\frac{2\pi}{2.72\text{m}}\approx\frac{2\pi}{140}$$

这是一个很小的相位差，而其他地方的相位差更小，所以干涉相消的效果非常弱，只在音叉两臂的延长线上略有体现。

如果两个波源间的距离增大到可以和波长相比的程度，情况就完全不一样了，如图13.8所示。假设音叉两臂现在相隔3m，则我们可以看到类似于图13.6所示的测量结果。此时，空间中的某一点与两个波源间的距离之差的最大值可以达到一倍波长左右（沿音叉两臂的延长线），所以有些地方就会出现干涉相消（与两波源间的距离之差为1/2个波长的地方），有些地方出现干涉相长（与两波源间的距离相等或相差为一倍波长的地方）。

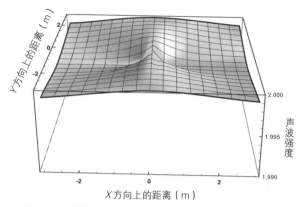

图13.7　干涉导致的声音强弱的分布（音叉两臂相隔2cm）

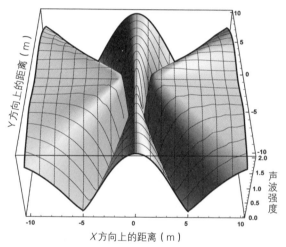

图13.8　干涉导致的声音强弱的分布（音叉两臂相隔3m）

　　上面的计算结果说明，我们测量到的图13.6所示的声音强度分布并非因为两个波源之间的干涉，因为我们使用的音叉两臂的确只相隔2cm左右。由此可见，定性的科学理论必须经过定量的检验，否则极易作出错误的判断，这也是我在本书中一直想跟大家分享的一个经验。以前我认为学习科学知识只需要了解原理，具体数值不需要记住或者推演。但是随着自己从事科学研究工作，我越发觉得定量的分析和对数量级的熟练是至关重要的。

　　那么音叉周围的声音强度变化究竟是什么造成的呢？仔细分析音叉发声的过程，我们就能够找到问题的答案。因为音叉两臂靠得很近，间距远远小于波长，它们并不能被看作两个独立的声波源。实际上，它们的运动一起扰动着近邻的空气，应该将它们共同当成一个有内部结构的复杂声波源。图13.9描述了这个声波源扰动空气的过程（俯视图）。当音叉两臂向内运动时，它们会一起压缩位于音叉内及其附近的空气，而位于音叉两臂外侧的空气则被"拉开"；当音叉两臂向外运动时，它们会一起扩张位于音叉内及其附近的空气，而位于音叉两臂外侧的空气则被压缩，正是这一张一弛，使得声音向四面八方传播。值得注意的是，图13.9中的虚线所在的位置，这些虚线无论何时都是处于压缩空气和扩张空气区域的交界线上。这两种效果在这里抵消，从而这里的空气基本保持不被扰动，所以这里的声音强度最低，从图13.4看，这些位置处的声音强度接近于零。而位于音叉两臂外侧区域的空气受到音叉的直接压缩和扩张，即音叉两臂振动的方向和空气振动的方向一致，所以这里的振动幅度最大，声音最强；垂直于两臂连线方向的区域不是直接被音叉压缩和扩张的，空气振动的幅度就相对小一些，所以这里的声音稍弱。这样我们就理解了音叉周围的声音强度分布不同的真正原因，它并非因为两个声波源的干涉。我们也无法从图13.4的结果中推测出声波波长，实际上，所有音叉发出的声音都具有这种声音强度分布。

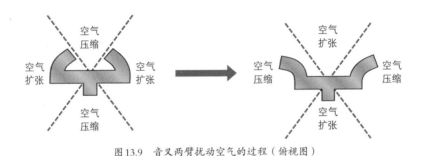

图 13.9　音叉两臂扰动空气的过程（俯视图）

探索与发现

前文所用的音叉是大个子，其实还有一种小个子的音叉几乎人人都在用，却可能从未留意过。这便是我们所有石英钟表的核心器件，音叉晶体振荡器，图13.10（A）展示了这样一个晶体振荡器，随便拆开一只电子手表或者挂钟，就能看到它。这似乎与音叉八竿子打不着，但是当我们去除它的金属封装以后，一个晶莹剔透的迷你音叉就呈现在了我们眼前，如图13.10（B）所示。虽然大家可以从网上以很便宜的价格买到它，但是它蕴含的科学技术和制作工艺却是颇为复杂的。

透过显微镜，我们能更清楚地看到音叉晶体振荡器的结构，实际上是从一大块透明的高纯度石英晶体（二氧化硅晶体）上切割出来一块音叉形状的石英晶体，然后为其镀上金属电极（图13.11中的金黄色区域），焊接上引线。接着在真空环境下为音叉套上一端开口为其一端封闭的金属小圆筒，最后在圆筒底端用有机材料密封（在取出音叉时需要用钳子小心地夹碎圆筒底端的真空密封）。这样石英音叉就永远处于真空环境下了，它在振动的时候就不会通过与空气摩擦而失去能量了。就像我们熟悉的大音叉是用来提供一个准确的声音频率一样，较小的石英音叉在振动的时候，也具有一个固定的频率，一般用于钟表的音叉晶体振荡器的共振频率是32768Hz。为什么会用这么一个奇怪的频率呢，还有零有整的？对数字敏感的朋友可能看出来了，$32768=2^{15}$，所以要使得钟表的秒针每秒移动一下，只需要把音叉晶体振荡器产生的信号除以2，再除以2……（重复15次），就得到了一个1Hz的信号，用来驱动秒针运动。而除以2的运算是数字电路最为拿手的，用一个二进制的计数器很容易就实现了。

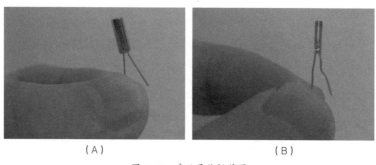

（A）   （B）

图13.10   音叉晶体振荡器

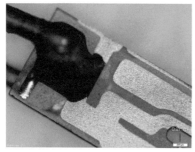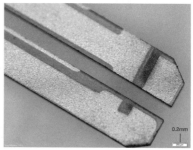

图13.11   音叉晶体振荡器在显微镜下的照片

那么我们怎么捕捉到音叉振动的信号呢？这要依赖于石英晶体的一个特殊物理性质，压电效应。以石英音叉为例，当它的两臂振动时，左右弯曲，就会对组成两臂的晶体产生压力（有些部位被拉伸，有些部位被压缩）。石英有个"怪脾气"，当你给它施加压力时，它体内本来均匀分布、正负相抵的电荷会分离，并聚集到不同的晶体表面上，如图13.11所示的金黄色电极的目的就是测量这些晶体形变时产生的电荷，更准确地说，是测量这些电荷产生的电压差，并通过两根引脚输送到后续电路。这个电压差（与晶体表面的电荷量成正比）与晶体所受的压力相关。音叉臂的振动幅度越大，晶体所受的压力就越大，从而测量到的电压也就越大。这样通过测量引脚上电压信号的频率和幅度，我们就得到了封闭在真空里的石英音叉振动的频率和幅度。这是不是对压电效应的一个绝妙运用呢！

压电效应听起来颇为高科技，实际上大家或许都对其有过切身的体会。玩过打火机的朋友可能还记得有一种打火机是电子点火，把放电装置拆出来，手指一按，会带来麻麻的触电的感觉，那里面其实就是一小块压电晶体。当我们按动放电装置时，一个小锤会敲击晶体，从而产生巨大的瞬间电压。这个电压被导线引出来产生一个小小的"闪电"，点燃打火机喷出的丙烷气体。了解了这些，我想读者一定会像我一样迫不及待地找来一个多年不玩的打火机，仔细研究一番吧！

如果只是要产生一个振荡的电信号，除了石英音叉外，其实我们还有很多选择如简单的LC回路、经典的555定时器（一种集成电路芯片）等。但是，通过这些电子元件产生的振荡的电信号质量都无法与石英音叉这类晶体振荡器产生的信号质量相比。现代科技的发展使得我们能够精确地切割石英晶体，从而保证每一个音叉的频率都极为接近32768Hz。大家从网上购买音叉晶体振荡器时，常能看到卖家注明5PPM等数字，这表示它的频率与标称值32768Hz相差不超过 $5 \times 10^{-6} \times 32768=0.16$（Hz）。PPM是英文 Part Per Million 的缩写，即百万分之一，而电容、电感等电子元件的精确度远远达不到这个水平。另外，石英晶体随着温度的变化而变化的稳定性远高于其他电子元件，这样将我们的石英手表从海南带去西藏，它照样准确无误。

凑巧的是，当年我在亚利桑那大学物理系进行低温原子力显微镜研究的时候，其核心器件就是这一毛钱一个的石英音叉（尽管整台仪器耗资数十万美元，使用一次要用掉价值五六百美元的液态氦气）。图13.12展示了透过显微镜看到将石英音叉安装在低温原子力显微镜的扫描器上。

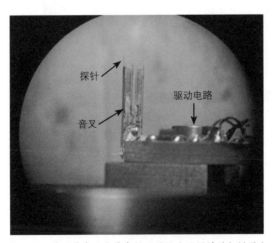

图13.12 将石英音叉安装在低温原子力显微镜的扫描器上

这种原子力显微镜的基本工作原理还是挺简单的。首先我们把石英音叉安装在扫描器顶部的驱动电路上，扫描器负责在 x、y、z 方向上移动音叉，驱动电路负责激发音叉在其共振频率上振动。然后在音叉的一侧用耐低温的特殊胶水粘贴上一根用钨丝加工出来的探针，这根探针尖端直径在100nm以下。把一根直径0.2mm的钨丝准确地放到音叉侧壁上，用胶水粘牢，还不能碰到钨丝探针的尖端，这可是个跟高空走钢丝差不多难度的技术活，稍不留神，钨丝就会从音叉侧壁滑落，坠入万丈深渊。探针安装好以后，就可以用它来扫描物体表面，以获得分辨率非常高的显微照片了，这个过程如图13.13所示。首先我们让音叉在其共振频率上振动，然后通过扫描器在z方向上的运动，让探针非常靠近物体表面，针尖与表面的距离一般在10nm以下。这时，针尖能感受到物体表面对它的微弱原子力（这个力取决于很多因素，可以是范德瓦尔斯力、静电力、磁力等）。然后，通过扫描器带动音叉探针在水平方向上开始移动。当物体表面在原子尺度上是平整的（如在某一个晶体的晶面上）时，探针和物体之间的距离保持不变，原子力也不变，音叉的振幅恒定。但是，一旦物体表面出现一些起伏，如某个地方多冒出来一层原子，在图13.13中，用一个小台阶来示意，则探针感受到的物体表面给它的原子力增大，阻碍音叉的振动，音叉的振幅就会变小。这个信号通知反馈电路，使扫描器带动音叉探针在z方向上远离表面，直到音叉的振幅恢复到最初值为止，即使探针尖端与物体表面恢复到原来的距离。与原子力显微镜相连接的计算机记录下扫描器的运动轨迹，并画出图，就表现了这一段水平方向的路程上物体表面的高低起伏（如图13.13中的最后一幅图所示）。

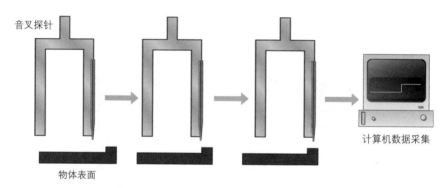

图13.13   原子力显微镜获得物体表面形态的过程

按照这种方式，我们获得了一条高低起伏的线。如果要获得整个表面的形态，只需要按照图13.14（A）所示的方式进行扫描即可。图13.14（B）展示了通过原子力显微镜"拍摄"到的一个实验样品表面的形态。这是一根直径为1nm的碳纳米管，在它的上面有两根用来测量碳纳米管电阻的金属电极。用最好的光学显微镜，我们可以看到金属电极，但是却永远也不可能看到碳纳米管。而原子力显微镜则很清晰地呈现了它的样子。这个样品是几年以前我花了一个星期制作的，步骤繁杂，不足为外人道也。纳米科研人员整天就与这些尺寸仅为几纳米的物质打交道，研究它们的电学、光学、热学等各种性质。

通过上面的描述不难发现，光学显微镜通过聚焦物体表面反射的光，一次性把要观察的物体在CCD或人眼中成像；而以原子力显微镜为代表的扫描探针显微技术是通过一个微小的探针，逐点获取表面信息。对光学显微镜分辨率起到最主要的限制作用的光衍射问题在这里完全避免了。实际上，就是利用这由一毛钱一个的石英音叉制作的原子力显微镜，科研人员可以看清楚物体表面的原子（尺寸在0.2nm）。比如把音叉在显微技术方面运用得出神入化的德国物理学家弗朗茨先生，读者能在他的研究主页[1]上看到他在2000年左右用音叉原子力显微镜观察到的硅晶体表面原子结构。

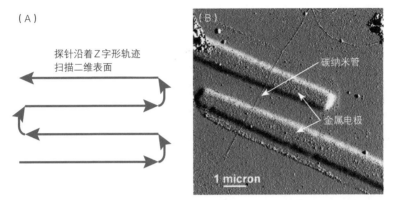

图13.14 （A）探针在表面扫描的轨迹；（B）在低温原子力显微镜下看到一根碳纳米管与两个金属电极接触

作为业余科学家，虽然不能实现这么高的分辨率，但是我们也可以利用石英音叉制作一个属于自己的原子力显微镜。实际上，我们能从网上搜索到对国外的科学爱好者自己搭建原子力显微镜的详细介绍。希望本书的读者中（包括我）有人能在不久的将来制作出一个属于我们自己的业余原子力显微镜来。

---

[1] 搜索 Franz J. Giessibl，并在他的主页上单击 "qPlus Sensor"。

给太阳量体温

" 在本章中，你将看到如何用非常简单的材料自制光谱仪。通过分析太阳的光谱成分，我们可以遥测太阳的温度。同样的光谱仪还能用来测量节能灯的光谱线，从这些五彩缤纷的线条中我们可以探索多彩的原子世界。"

闲话基本原理

大学二年级时，我的物理实验课老师是一位仙风道骨的老教授，老北京人，说起话来京味儿十足。有一次课讲温度的测量，老教授说，这可不是一件容易的事，如我们可以通过将普通的温度计放在腋下测量人的体温；但是如果要给一只蛐蛐儿量体温，还是用这支温度计的话，你是不是得跟蛐蛐儿商量，辛苦你呐，把胳膊腿儿抬一抬！

多年以后，老教授说这番话时的神情依然历历在目，我想当年在京城天桥撂地摆摊的"穷不怕"先生大概也是这样的神情。玩笑之余，教授其实是想告诉我们，当我们做实验测量某一个物理量时，必然会对这个量产生或大或小的影响。比如用温度计测量人的体温，因为室温一般与体温不同，所以在处于室温的温度计接触人体的时候，就会和人交换热量，从而影响人的体温，但是这个影响是微乎其微的。但是如果用同样的温度计来测量一个和它尺寸相当的物体的温度，如蛐蛐儿，那么温度计的接触就会对蛐蛐儿的温度产生巨大的影响，我们测量到的不再是我们想要的物理量。

为了解决这个问题，除了制造更小的温度计外，还有没有更好的办法，可以把对被测物的影响降到最低呢？我想大家都有过这样的印象，电热炉的电阻丝在加热的过程中都是先变成暗红，然后变成橘红，接着变黄的，当温度非常高时，电阻丝会发出明亮的白光。也就是说，电阻丝发出的光的颜色与它的温度相关。实际上，任何时候电阻丝都会发出各种颜色（各种波长）的光，只不过温度低时红光占比大，所以电阻丝发出的光看起来是暗红色的。随着温度升高，波长更短的光，如黄光所占比重开始增加，然后是蓝光变强，最后电阻丝发出的光就变成了明亮的白色了。可以预见，如果我们能分析一个发热物体所发出光的光谱，那么我们就能推测出它的温度。

实际上，对于所有受热发光的物体，当它们和周围的环境处于平衡状态，温度保持稳定时，我们都可以用一个叫作"黑体"的东西来进行模拟。在物理学中，黑体能吸收所有照射到它身上的光，同时均匀地朝四面八方放射出各种波段的电磁波，辐射的能量与入射的能量相当，即它和周围环境中的电磁波达到热平衡，温度保持恒定。对于黑体，我们可以通过分析它的光谱，精确地推算出它的温度，因为有一个叫作维恩位移定律的物理规律指出，在黑体的光谱中，在最大强度的光波的波长与黑体的温度间有一个简单的关系：

$$\lambda_{max} = \frac{b}{T}$$

其中 T 是物体的温度，以开尔文为单位（开尔文与摄氏度间的转换关系是 $1K=1℃+273℃$。所以冰水混合物在大气压下的温度为273K），b是维恩位移常数，约为 $2.9 \times 10^{-3} K \cdot m$。对于一个1000℃的黑体，它发出的光的最强成分的波长为 $2.9 \times 10^{-6} m$，即2.9μm，处于红外光波段。在可见光波段（390~790nm），它只有波长靠近红光波长部分的光比较强，其他波长的光比较弱，所以1000℃的黑体看起来显红色。当然，一般发光体不能满足理想中黑体的条件，它们不可能吸收所有入射的电磁波，也很少与周围环境中的电磁波达到热平衡（如室温是27℃，而发光的白炽灯则很显然要热得多）。这样它们的光谱与相同温度的黑体光谱会有所差别，其最强成分的波长与维恩位移定律所给出的也会略有不同，但是我们可以用黑体辐射作为近似，能得到对其温度的一个非常靠谱的估计。

当年维恩先生是通过分析很多不同温度的发光体的光谱总结的经验规律，非常好用，但是却说不出一个所以然来。直到19世纪末20世纪初，大师普朗克先生用光子的思想写下了在黑体光谱中，任意波长上的强度与温度间的关系，维恩位移定律背后的奥秘才得以解开。我们将在后面的内容中进一步讨论这个问题。

我们知道了可以通过测量光谱来判断温度，但是怎么进行测量呢？光谱仪听起来是一个非常高科技的东西啊！其实不然。用两三样简单的材料就能制作一个物美价廉的光谱仪，我们甚至可以用它来测量遥不可及的太阳的温度！

动手实践

要分析一束光中的各种波长成分，就需要用一个东西散开各种颜色的光，想必在你的脑海里出现了牛顿先生用一块三棱镜把太阳光分成彩虹状的图景。三棱镜的确是一种选择，但是它的分光能力不强，更好的选择是光栅。光栅大伙都见过，在前面全息照相的章节中我们也附带提到过它，但在本章它荣升为了主角。常见的CD就是一张线距为1.6μm，相当于每毫米刻600条痕（通称为600线/毫米）的反射式光栅。图14.1展示了日光灯管通过这个光栅，即CD反射以后，各种波长的光被散开的情景。

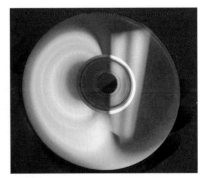

图 14.1 CD 的光栅效果

但是，由于CD上的刻痕是一组同心圆，它分开物体的光线的同时也会形成一些扭曲，使得光谱分析变得复杂，所以最好是用直线型光栅。幸运的是，我们从网上能很便宜地买到一种叫作烟花眼镜（彩虹眼镜）的东西，如图14.2（A）所示，透过它，我们能看到五彩缤纷的世界，如图14.2（B）所示。实际上，这种眼镜的镜片就是一块透射式全息光栅（用拍摄全息照片的方式制作的光栅），其对不同颜色的光的扩散能力大约相当于250线/毫米的直线型光栅。普通直线型光栅只会在垂直于直线的方向上衍射光线，而烟花眼镜中的全息光栅向上下左右4个方向衍射光线。对于本章的制作，我们只需要关注其中某一个方向上的光的衍射即可。

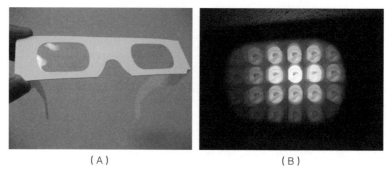

（A）　　　　　　　　　　（B）

图14.2　（A）便宜的烟花眼镜；（B）透过烟花眼镜看到五彩缤纷的世界

光谱仪的制作是非常简单的[1]，光谱仪原理图如图14.3所示。找来一个边长为20cm左右的纸盒子，在盒子的一端开一道狭缝，在与之相对的面剪开纸盒，装入光栅即可。这样从狭缝进入纸盒中的光线经过光栅产生一级衍射、二级衍射、三级衍射……在图14.3中，光栅没有正对着狭缝，而是在它的对角上，是为了让通过狭缝的光照射到光栅上时具有一定的倾角，从而覆盖光栅上更多的条纹，提升光谱的分辨率。不过对于我们的"山寨"光谱仪，这种影响是非常微小的，所

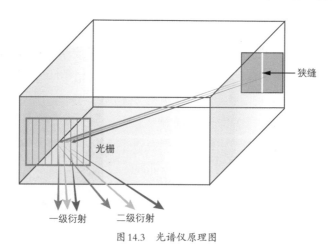

狭缝

光栅

一级衍射　　二级衍射

图14.3　光谱仪原理图

[1]　本章光谱仪的制作参考了一个非常有趣和著名的业余科学家网站Sci-toys。

以光栅的位置可以左右移动。至于为什么要用狭缝，等我们看到光谱图就会明白了。

按照上述原理图制作的实物如图14.4所示，其中狭缝由两片锋利的刀片靠在一起组成。你可以尽量让刀片靠近，但是不能密不透光。图14.4（B）中的狭缝宽度约为0.2mm。

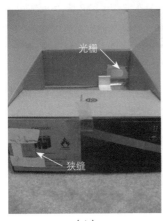

（A）　　　　　　　　　　（B）

图14.4　（A）光谱仪的整体构造；（B）狭缝由两片刀片组成，狭缝宽度约为0.2mm

然后将盒子盖上，并把除了狭缝与光栅出口外，其他漏光的缝隙都用铝箔纸或其他不透光的纸封好，这样光谱仪就制作完成了。然后我们可以把它的狭缝对准一根日光灯管（或节能灯泡），人眼透过光栅出口观看，就会看到图14.5所示的美景。

图14.5　透过光栅出口看到的美景

使用Microsoft Office软件对图14.5进行剪裁和旋转，我们可以得到一张非常漂亮的节能灯的光谱图（见图14.6）。你可以看到节能灯的白光实际上是由几种颜色很单一的光波组成的，有蓝光、绿光、红光，当这3种颜色（光学三原色）强度相当时，它们合在一起我们的眼睛就会认为光是白色的。

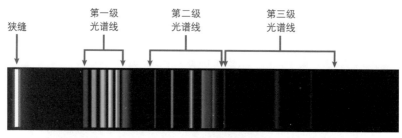

图 14.6　节能灯的光谱图

　　我们还可以对这张光谱图进行更深入的分析。有一个免费的图像处理软件叫作ImageJ，非常小巧而且功能强大。它是由美国国家卫生研究院的科研人员开发的，供生物科学家们分析图片之用。图14.7展示了如何用ImageJ来作光谱图（图14.7是屏幕截图）。ImageJ画出的光谱图的纵轴给出了画面上的黄色长方形区域内每条竖直线上记录的光强度值的平均值（准确地说是"灰度值"，即Gray Value），经过平均以后，数据中的噪声被去掉了（要注意的是，光谱图中的每一条光谱线必须是沿着竖直方向的）。其横轴是像素，在这里实际上对应于波长。但是要想确定这些波长的具体值，我们还需要把它与别人精确测量过的节能灯光谱进行比较。注意在图14.7中选择了第二级光谱线来作图，是因为第二级光谱线比第一级光谱线散得开，这样光谱的分辨率就会高一些。

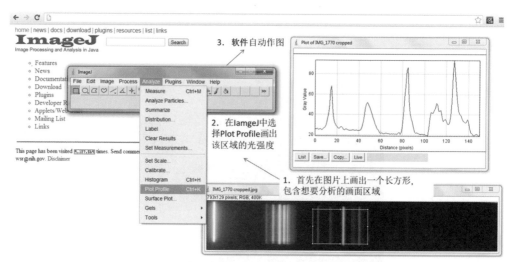

图 14.7　使用 ImageJ 来作光谱图

　　我们可以找到维基百科的"荧光灯"词条中的光谱，并与我们自己得到的光谱进行对比，见图14.8。其中蓝色曲线为维基百科提供的荧光灯（即节能灯、日光灯）的光谱，其纵轴为光强度，横轴为波长（单位是纳米）；红色曲线为我们自己实测的结果。你看，用我们这价值几块钱的"山寨"光谱仪测量的结果与高精度光谱仪的测量结果差不多嘛！维基百科的"荧光灯"词条为蓝色曲线上的每一个峰都加了编号，并解释了它们的来历。比如2号峰，位于436nm处（红色曲线上的横坐标15处），实际上就是我们在图14.5中看到的每一级光谱线最左边的那一根深蓝色光谱线，它来自节能灯里汞蒸气的某一条原子光谱线。而比较宽的3号峰，是很多无法分辨的细小谱线重合在一起形成的，它来自节能灯管里一种辅助发光的稀土元素——铽。在图14.5中，它就是挨着深蓝色光谱线的那一根比较粗的淡蓝色光谱线。4号峰和5号峰在蓝色曲线中可以被清晰地区分开，但是我们的光谱仪分辨率相对较低，两个峰融合在了一起。根据这两张光谱图的对比，我们可以得知，从2号峰到12号峰，精密光谱给出它们之间的波长差是611−436=175（nm）；而我们测量的光谱给出它们之间的像素差是127−15=112，并且我们知道红色曲线的像素15对应于436nm的波长处，据此整个横轴的波长值我们都可以确定下来了。

这些形态各异、波长不一的光谱线实在是惹人喜爱，我盯着它们看一分钟都不带眨眼的。用我认识的一位光谱学老教授的话说，这一根根光谱线，透露出了大自然母亲的奥秘。我们将在本章的"探索与发现"小节中更认真地倾听这些光谱线向我们叙述的多彩故事。

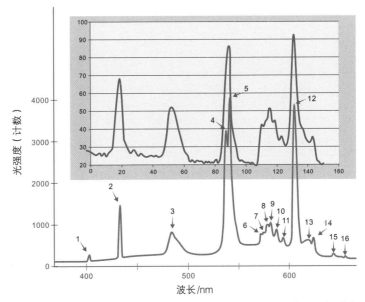

图14.8 维基百科提供的荧光灯光谱数据（蓝色）与我们实测的光谱数据（红色）对比

熟悉了光谱仪和ImageJ的使用以后，我们就可以开始实践本章最开始的承诺——给太阳量体温！找一个大晴天，带上我们心爱的光谱仪和照相机，不顾别人异样的目光，拍摄图14.9所示的太阳光谱（当然这也是经过剪裁和旋转的照片）。正如牛顿先生在几个世纪前用三棱镜看到的那样，太阳光谱是连续光谱，各种颜色（波长）的光都有。

图14.9   太阳光谱

同样使用ImageJ，我们可以画出太阳光谱，如图14.10所示。这里我选取的是第一级光谱线，因为第二级光谱线相对较弱，噪声比较大，而且在第二级光谱线的尾部红色光附近第三级光谱线的蓝紫色光也开始"掺和"进来，即两级光谱线有重叠，在一定程度上影响了准确性。

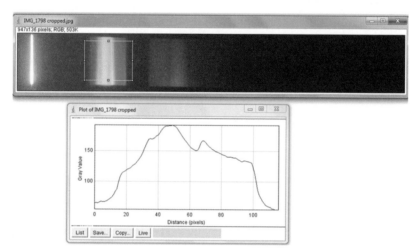

图14.10   使用ImageJ画出太阳光谱

最初当我看到这个太阳光谱时，觉得我们的"山寨"光谱仪有误。太阳光谱在我的期待中应该是像一个圆润光滑的小山丘一样的曲线，怎么测量到的是这样沟壑起伏的曲线呢？通过一些调查研究我才了解，就像荧光灯的光谱一样，太阳光谱曲线的每一个弯曲都在传达着大自然的一处奥秘。图14.11展示了研究人员测量到的太阳光谱从紫外光到近红外光（Near Infrared，波长在800nm～2.5μm）的强度分布。仔细观察可见光区域（在图14.11中标注了Visible 46%的那一部分波段），会发现它与我们测量的结果非常接近。总的趋势是，太阳光中最强的波长大约是在蓝绿交接处。在光谱的紫端和红端，光强都在迅速衰减。最为引人注意的是在波长为600nm的黄光附近，我们看到了一个光强的突然凹陷（图14.11中的黑色箭头指出的地方）！这个凹陷来自于著名的臭氧层对600nm左右波段的光的吸收（学术上称为Chappius Band）。臭氧层对紫外光的吸收能力是非常强的，它默默地保护着地球上的生物免受紫外线的伤害。近年来，南北极的臭氧层空洞不断扩大也引起了国际社会的高度关注，但是想不到在可见光波段，它也在大展身手。一个臭氧分子（O_3）在吸收了黄光以后，会分裂成处于激发态的一个氧原子和一个氧气分子[1]。这些处于激发态的氧

[1] 关于具体的化学反应过程，请搜索 Chappuis band。

原子和氧气分子通过与周围氧气分子的碰撞发生化学反应，有些又会形成新的臭氧分子。所以，通过观察光谱中这个凹陷的深浅，就能测试大气臭氧含量是否正常。如果把我们的光谱仪带到北极去，在臭氧层空洞下采集太阳光谱数据，我们应该就看不到这个凹陷了。

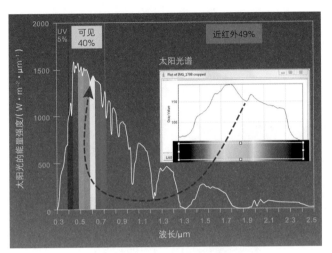

图14.11　太阳光谱全图

　　我们的光谱仪测量到的有趣的东西实在是太多了，以至于我们到现在才开始讨论怎么从中推测太阳的温度。如果你还记得，在本章的"闲话基本原理"小节中，我们提到了维恩位移定律，指出黑体辐射的光谱中强度最大的波长满足 $\lambda_{max}=\dfrac{b}{T}$。所以如果我们能从光谱线中找出 λ_{max}，则计算它的温度就轻而易举了。

　　但是太阳是个黑体吗？根据定义，黑体应该是一种吸收所有外来电磁波，并放出相同能量的电磁波的物体，即黑体与周围空间中的电磁波达到了热平衡状态。太阳本身是一个巨大的熔炉，它的内部通过核聚变产生大量的热能，并不断向外输出。所以它并未与周围空间中的电磁波达到热平衡状态。但是，太阳表面的光球层（我们看到的太阳光就是从这一层气体物质中发出的）可以被近似地看成一个黑体。因为它吸收太阳内部核聚变产生的电磁波能量，然后释放到太空中，这一层气体物质基本上温度稳定，与周围的环境达到了热平衡状态（见图14.12）。而我们观察到的光波恰好是这一层气体物质释放出来的，所以可以用黑体辐射的公式来进行计算。

　　根据图14.10的测量结果，我们定性地知道太阳光谱中强度最大的波长为蓝光和绿光交接处。为了得到更准确的定量结果，我们可以利用本节开始所述的方法，用已知的节能灯光谱校准实测光谱的横轴波长值，如图14.13所示（注意要使用相同衍射级的光谱进行比较才有意义。在图14.2中，太阳光谱和节能灯光谱都是采用的第二级光谱线，所以太阳光谱线显得噪声比较大，不如

图14.10所示的第一级光谱线那么清晰）。从图14.13中可以看出，太阳光谱中的最强波长处于节能灯光谱的3号峰处，所以太阳光中强度最大的波长是488nm，视觉上位于蓝绿光交接处，或称为青色。把这个数值带入维恩位移定律的公式，可得太阳光球层的温度为：

$$T = \frac{b}{\lambda_{max}} = \frac{29 \times 10^{-3}}{488 \times 10^{-9}} \approx 5900 \text{（K）}$$

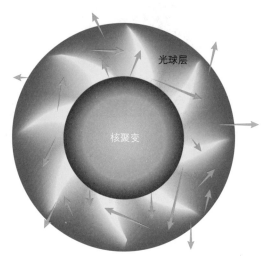

图14.12   光球层可以被近似地认为是一个黑体

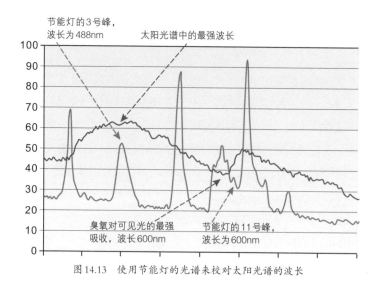

图14.13   使用节能灯的光谱来校对太阳光谱的波长

这个数值正是公认的太阳光球层的温度（不同文献给出的数值略有差别，但是总的来说光球层温度接近6000K）。需要注意的是，光球层的温度远远低于太阳内部核聚变发生区域的温度，所以，更准确的说法是，我们通过光谱测量到的是太阳光球层的等效温度。

这是不是非常神奇呢？在距离太阳150000000km以外，用一个破纸盒和一块便宜的光栅片，我们能测量到太阳的温度。这大概是把我国中医"望闻问切"四大诊法之"望诊"发挥到极致的体现吧。

如果你还记得，我们在本章的"闲话基本原理"小节中提到，大师普朗克先生推导出了黑体辐射在所有波段的能量分布规律，它的表达式是：

$$E(\lambda) = \frac{2hc^2}{\lambda^5} = \frac{1}{e^{hc/(\lambda kT)}}$$

其中h是在第12章提到过的普朗克常量（$h \approx 6.63 \times 10^{-23}$ J·s），c是真空中的光速，λ是光波的波长，k是玻尔兹曼常数（$k \approx 1.3806 \times 10^{-23}$ J/K），T是发出该光谱的黑体温度。这个看起来颇为复杂的公式的推导过程我们暂且略过，不熟悉它的朋友只需要了解它是对光波进行量子化以后，加上玻色－爱因斯坦凝聚态统计得到的结果。如果计算这个公式的最大值所在的波长λ_{max}，我们就会推导出维恩位移定律了。

利用这个公式，我们可以拟合从紫外光到红外光的光谱全图。图14.14展示了这样一个结果。注意到我们在地面上接收到的光谱与温度为5523K的黑体的光谱有一些差距，但是大致趋势是非常一致的。其中的差距来自于大气中各种物质对太阳光线的吸收。尤其在红外波段，图中标注O_3、H_2O、CO_2等的地方都是表示这些分子在强烈地吸收那些波长的光线。而在大气层顶部测量到的太阳辐射光谱则与根据黑体辐射公式计算得到的光谱非常一致。

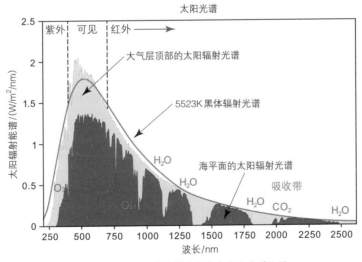

图14.14 黑体辐射光谱曲线拟合太阳光谱全图

有趣的是，地球上的人类经过亿万年的演化，发展出了一个极其高级的"CCD（电荷耦合器件）"——眼睛。我们的大自然母亲是如此伟大，她把这批"CCD"的敏感区域设置在了波长400~780nm，这正是太阳光谱中能量密度最高的那部分。更绝妙的是，在可见光波段，人眼对绿光最敏感，这恰好是太阳黑体辐射光谱的顶峰！正因为我们的眼睛对400~780nm波段的电磁波敏感，于是我们称其为可见光。倘若太阳没有现在这么热，而只有3000℃，那么经过亿万年的演化，也许我们眼睛能看到的"可见光"就会变成800~1400nm波段的光，而现在的红、橙、黄、绿、青、蓝、紫光则统统被归类为"紫外光"了吧！

探索与发现

我们在本章中采集的光谱所蕴含的故事还远远没有结束，首先来看节能灯那些分立的光谱线，我们还能从中得到别的信息吗？

实际上，除了每个峰所在的波长告诉我们它来自什么元素外，每个峰的形状也是大有文章的，从中我们可以推测出关于发光物质的很多信息。比如我们看图14.8中的第2号峰（波长为436nm），它来自水银原子中电子从某一个能级跳跃到另外一个能级所释放出的能量（关于电子跳跃发光的问题，请参考本书第2章"揭秘神奇的光：激光"）。按道理，这个能量是一个非常明确的数值，它等于两个能级之差，所以它应该具有单一的波长。但是图14.8中的2号峰有个明显的宽度（如图14.15所示），也就是说它的波长是可以在一个小范围内变化的。如果把实测光谱的横轴转换成波长，这个峰（即光谱线）的宽度约为5nm（将光谱线宽度定义为1/2峰值的地方的宽度，简称"半高宽"）。5nm对于一根本应有着确定能量的光谱线来说，是一个非常大的展宽。比如我们常用的激光二极管发出的红色激光，如果用光谱仪分析，其波长光谱线的展宽是0.001nm或更小。

有朋友会质疑，这个宽度并不代表这根光谱线具有多个波长，它来自于我们使用的光谱仪的狭缝宽度，这的确是一个很好的设想。从图14.8中也可以发现，维基百科给出的荧光灯光谱上的2号峰比我们实测的要窄不少，因为科研人员使用的高级光谱仪的狭缝比我们的"山寨"光谱仪的狭缝小得多。但是，即使我们进一步缩小狭缝，光谱线也始终会有一定的宽度，并不会变得越来越小。这个宽度显然不是来自于狭缝，而是来自发光物质本身。

荧光灯管中的水银被加热，形成蒸气，所以水银原子在灯管里一边"东奔西跑"，一边向外发出光线。假设在某一个水银原子静止的时候，它发出波长为436nm的光波，但是当它向我们"奔跑"时，它发出的波长不再是436nm，而会变短一些；当它离我们远去时，它发出的波长也不再是436nm，而会变长一些，这就是我们在高中时学过的多普勒效应。正因被加热的水银蒸气具有朝各个方向以各种速度运动的水银原子，所以原本一根明确的436nm光谱线有可能变成437nm（由那些朝我们运动的原子发出），也有可能变成435nm（由那些远离我们运动的原子发出）。这样它就由一根线变成了一个峰。可以理解，水银蒸气温度越高，则原子运动得越快，多普勒效应越明显，光谱线就会扩展得越宽。实际上，我们可以通过光谱线的半高宽来计算出原子的温度，其公式为：

$$\lambda_{半高宽} = \sqrt{\frac{8kT\ln2}{mc^2}} \lambda_0$$

其中λ_0是原子在静止情况下应该发出的光波波长，m是原子质量，k依旧是玻尔兹曼常数，T是原子温度。由于我们这里的光谱线展宽在很大程度上是因为仪器本身的误差，所以需要在去掉这个因素以后才能用公式进行计算，不过那就是一个很复杂的过程了。

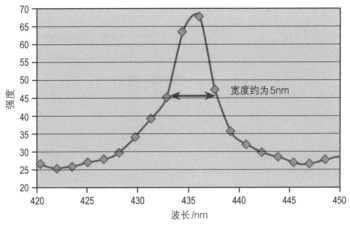

图14.15 实测2号峰的光谱线宽度

分析宇宙深处的天体发出的光谱线，天文学家可以获得丰富的信息。我的一位从事天文研究的朋友——亚利桑那大学物理系的蔡峥告诉我，他可以根据光谱线的形状推测出遥远天体的温度、旋转速度、气体湍流强度等信息。这些信息都是从发光物质运动产生多普勒效应引起的光谱线展宽中得到的。图14.16展示了一张在实际天文研究中通过望远镜和光谱仪获得的光谱图，其中各个主要峰上的标记表示这是由什么物质发出的光谱线，如Ly α表示来自氢原子，CIV表示来自碳原子（IV表示第4）。很明显这些光谱线都具有非常大的宽度，如CIV，其半高宽约为10nm。因为这个光谱线是使用专业的光谱仪采集的，狭缝引起的展宽可以忽略不计，所以这10nm的展宽完全是由于发光物质碳原子的高速运动。我们可以用多普勒效应的公式来估算一下，要使波长增长5nm，碳原子需要以多大的速度运动。这个公式如下（大家可以推导一下）。

$$\frac{v}{c} = \frac{\Delta\lambda}{\lambda}$$

代入数值，可得$v = c\frac{\Delta\lambda}{\lambda} = 3 \times 10^8 \times \frac{5}{575} = 2.7 \times 10^6 \left(\frac{m}{s}\right)$，即这些碳原子相对于我们以接近3000km/s

的速度运动着！这些信息对于帮助人们理解天体的形成和演化而言都是至关重要的。

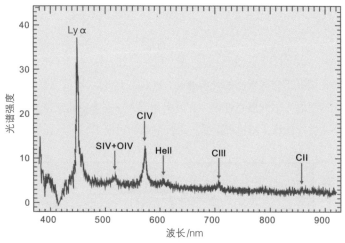

图14.16　来自遥远的黑洞附近物质发出的光的谱线（图片由亚利桑那大学物理系蔡峥提供）

　　看罢分立的光谱线，我们再来看看连续的黑体辐射光谱。在人类认知宇宙的历史上有一个非常重要的黑体辐射光谱，它就是宇宙微波背景辐射光谱，如图14.17所示。话说在1965年，美国的无线电天文学家阿尔诺·彭齐亚斯和罗伯特·威尔逊开始调试一架新建的用于无线电通信和天文观测的微波天线。他们发现无论天线指向天空的什么方向，都能接收到一个光谱强度随频率分布（如图14.17所示）的微波信号（图中"+"标出的点）。他们觉得是仪器出了毛病，绕着这架十几米高的大家伙转了一圈，他们发现天线上有鸟儿留下的"天屎"。这也许就是问题所在，他们把天线仔细打扫干净，回到观测室一看，原来的微波信号一点也没有减弱！

　　实验学家一般到了这个时候就会想起平时他们认为"四体不勤，五谷不分"的理论学家来。彭齐亚斯和威尔逊通过电话联系上了普林斯顿大学的理论天文学家罗伯特·迪克，描述了他们得到的奇怪结果。迪克先生一听，欣喜若狂，几年前他就曾预言，如果宇宙起源于140亿年以前的一次大爆炸，经过这么长时间的冷却，它的温度应该在3K左右，其对应的黑体辐射最强的部分在微波波段。但是当时因为缺乏实验证据，没有人重视他的理论，而如今，这不就是一个活生生的实证吗！光谱仪给出的数据点（用"+"表示）完美地落在了一条温度为2.7K的黑体辐射光谱曲线上（见图14.17，图中"+"为实测数据，曲线为理论预测数据）！从此宇宙起源于一次大爆炸的学说开始成为主流理论，关于宇宙微波背景辐射的研究也在不断地深入。1978年，彭齐亚斯和威尔逊这两位最早观测到这一光谱的实验天文学家获得了诺贝尔物理学奖。多年以后，我的一位理论天文学教授还在替最早解释这个光谱的迪克先生鸣不平，他认为理论学家也应分享荣誉。对于诺贝尔奖，他作了一句有趣的评语："Half the time, it was awarded to the wrong person; half the time, it was awarded to the correct person for a wrong reason. （半数颁错人，半数奖错因）" [1]

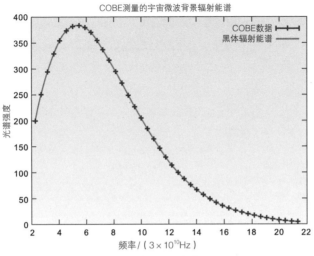

图 14.17　宇宙微波背景辐射

————————

[1] 最著名的例子是爱因斯坦获得诺贝尔奖不是因为创立相对论，而是因为他的一篇关于光电效应的不经意间写下的文章。

第 15 章

像专家一样使用照相机

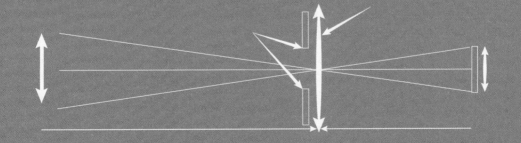

一分钟简介

" 本章从业余科学家的角度出发，介绍摄影的基本要素，以解决长期以来只会使用自动模式拍照的广大青年的困惑。 "

闲话基本原理

曾读过一本关于摄影的书，有一句话让我印象很深刻，作者说绘画是做加法，摄影是做减法。画家总是从一张白纸开始，慢慢添加色彩、形状；而摄影师则是要通过选择拍摄角度、光圈、快门速度、后期处理等，来从原本纷繁的世界中挑选出一部分记录下来。

相机使用得当，将是业余科学家的利器，可以用它来捕捉一些肉眼无法观察到的现象。图15.1展示了我用一台普通的佳能数码相机（早已停产的PowerShot A630）记录的水滴落入水面的一瞬间，用PowerPoint对图片进行了一些简单的处理后，看起来具有水墨画的意境。相机也能记录一些重要的科学数据，如本书在第14章中我们就曾用它来拍摄光谱。著名的哈勃太空望远镜其实就是一个漂浮在太空中的巨大照相机，时刻记录着来自遥远星系的微弱影像。

图15.1　水滴落入水面的瞬间

要想拍摄好科学现象和数据，首先要理解我们手中的相机，工欲善其事，必先利其器。大家在初中物理课上都制作过最简单的照相机，那就是用一块凸透镜给一支蜡烛成像，其实无论是多复杂的照相机，其拍摄原理都是这样的。物体表面上的每一点发出或反射的光通过相机透镜组汇聚，在底片或CCD上形成一个点，这就是成像的过程。我们的照相机只不过提供了很多辅助的功能，来满足不同的成像要求。这些功能总结起来最重要的是光圈、快门、ISO，它们是摄影三要素。下面我们来看它们各自是如何影响照片效果的。

光圈是镜头里的一个多边形小孔，它可大可小，从而控制进入CCD的光线强弱。图15.2展示了一个镜头中的光圈结构（图中镜头经过了特殊处理，一般我们无法从镜头外面看清楚它的样子）。

如果你认为光圈只是用来控制进光量，那可低估了它的功用，它的另一个重要作用是控制景深。如图15.3所示，当我们使用大光圈拍摄图15.3（A）时，远处的螺丝刀变得模糊不清，而当我们使用小光圈拍摄图15.3（B）时，远处的螺丝刀也变得清晰起来了。画面上能清晰成像的区域对应于实际中的距离被称作这画面的景深。图15.3（A）的景深很小，只有几厘米，所以20cm外的螺丝刀不能清晰成像；图15.3（B）的景深超过20cm，所以远近两个螺丝刀都可以清晰成像。

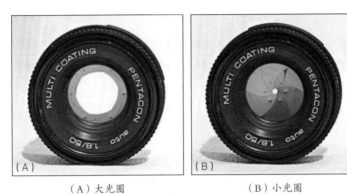

（A）大光圈　　　　　　　　　　　　　　　（B）小光圈

图15.2　光圈

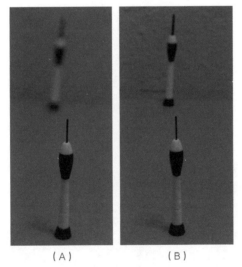

（A）　　　　　　　　　（B）

图15.3　景深在不同光圈值下的体现〔图（A）光圈值为$f/2.8$，图（B）光圈值为$f/8$〕

　　光圈是怎么控制景深的呢？看图15.4就明白了，图15.4（上）展示了用大光圈给前后两个点A点和B点成像的过程。A点能恰好成像在CCD（或底片）上，形成一个清晰的点，而B点则成像在CCD之后，所以它在CCD上留下一小片光斑，在图15.4中用红色线段表示。最终我们看到的照片就是A点清晰的像，以及B点模糊的像。如果缩小光圈，如图15.4（下）所示，A点和B点成像的位置没有变化，但是此时B点在CCD上留下的光斑小多了（图中红色线段），所以，最终照片上的B点也变得比较清晰，所以使用小光圈拍摄的照片景深就比较大。你可能注意到了，图15.3中的光圈值是用$f/2.8$和$f/8$表示的，这是什么意思呢？$f/2.8$的意思是光圈直径与焦距之比为$1/2.8$，如果镜头焦距为5cm，则光圈直径为$5/2.8 \approx 1.79$（cm），所以f后面跟的数字越大，光圈越小。有朋友说了，这不是多此一举吗，为什么不直接用直径来衡量光圈值的大小，而要用这样一个比值？这一点我们将在本章的"探索与发现"小节中揭秘。

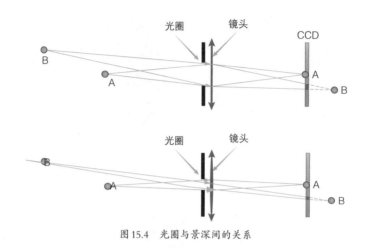

图15.4　光圈与景深间的关系

我们接着来看快门。在"远古时代"，人们还使用胶卷的时候，快门是一个真正的"门"，就在胶卷的前面，像百叶窗一样可开可关，它控制了底片曝光的时间。如今数码相机的快门一般是CCD电子线路的关断和打开，所以可以达到很高的速度。快门越快照片就越能定格快速变化的事物，如图15.1所示，快门时间为1/2500s，而图15.5的快门时间则为0.5s。用慢快门我们能记录下物体运动的轨迹，或者从艺术角度来看，它能使静止的照片呈现出一种动态感。

图15.5　较长时间曝光带来的运动效果

然后来看ISO。在相机的设置中，除了光圈大小和快门速度外，还有一个"奇怪"的选项叫作ISO，如图15.6所示。我们常能见到某某商品声称自己通过了ISO××××认证，这个ISO和照相机的ISO其实是同一个意思，是国际标准化组织（International Organization for Standardization）的缩写。相机中的ISO却是一个实诚的数字，它衡量着CCD的敏感程度，实际上就是CCD对入射光强度的放大程度。这样，基于相同的光圈大小和相同的快门时间，ISO越大则照片越亮。但是，增大ISO在提高了CCD对外来光的敏感程度的同时，也放大了电路里的噪声。像一般大众型的照相机，ISO达到400或以上，就会在照片里看到很多令人不愉快的麻点，这就是CCD的电路噪声被放大以后记录下来的结果。

图15.6　相机中的ISO

至此，我们讨论的光圈、快门和ISO，它们构成了摄影中的"铁三角"。摄影师可以根据拍摄对象的需要来调整这3个参数，最终的目的是要达到理想的曝光强度（即画面明亮程度）。"远古时候"的摄影家通常在拍摄之前要进行复杂的计算和试拍才能确定这3个参数值，而如今我们通常只需要选择我们关注的某一个值，由照相机来选择另外两个值，使得照片具有恰到好处的曝光程度。比如你想将瀑布拍摄得如梦如幻、山水氤氲，则只需选择较慢的快门；你想突出一朵小花，而让背景虚化，则只需选择较大的光圈；你想在较暗的环境下减少手抖动导致的模糊，则只需增大ISO。本书中所有照片都是按照这样的准则来进行拍摄的。如果只用自动模式，很多照片就会更加"惨不忍睹"了。

动手实践

理解了摄影三要素的基本原理，余下的就是拿起手中的相机，勇敢地使用非自动模式，拍自己喜欢的照片。如今，一般的相机会有很多种拍摄模式，图15.7所示的佳能PowerShot A630，以淡蓝色的Auto标志为界，它右边（包括它自己）的这些选项，如人物模式、风景模式等属于自动模式，使用这些模式拍照时我们无法改变光圈值或快门值（但是可以改变ISO）。Auto标志左边的这些选项则为非自动模式，它们给予我们手动设置光圈值、快门值的自由。其中，Tv（Time value）为快门优先模式，表示我们可以控制快门时间的长短，而相机自动匹配合适的光圈值使画面充分曝光；Av（Aperture value）为光圈优先模式，表示我们可以控制光圈的大小，而相机自动匹配合适的快门使画面充分曝光；M则是完全手动模式，光圈大小和快门速度都由自己控制。本书中大部分照片都是在光圈优先模式下拍摄的，这样能较好地掌控画面的景深。本章的图15.1和图15.5则采用快门优先模式拍摄的。另外本书有一小部分照片采用完全手动模式拍摄的，如第1章的图1.5的两张照片，通过手动设置，它们的光圈值和快门值都一样。如果采用光圈优先模式拍摄，则拍摄图1.5的第二张照片时，相机会自动延长快门时间，使得它的总体明亮程度与第一张照片相同。这样本来透过偏振片看到的黑暗的天空会变亮，影响了我们对天空偏振度的判断。又比如介绍全息技术的第11章的图11.14，也是在手动模式下拍摄的。因为如果采用光圈优先模式拍摄，则相机会自动选择一个非常长的快门时间，使得画面的总体亮度与其他照片一样，那么我们的红色全息玩具小汽车会因过度曝光而变得白茫茫一片，看不清细节。所以当我们只需要画面中的某一部分能在照片上清晰显现时，就要采用手动模式设置光圈和快门值。

图15.7　相机的模式选择旋钮，图中选择了Av（光圈优先）模式

经过我花费数年时间对数码相机的理论学习和实际操作，有几条拙见可以供文艺范儿的业余科学家们参考。第一是究竟用多大的光圈才能使得画面的近景、远景都能清楚呈现。根据前面的理论，当然是光圈越小、景深越大，但是太小的光圈使得进光量很少，需要长时间的曝光，导致照片容易因为手的抖动而模糊。为了解决这个问题，有一个最佳的光圈值——f/8。据某位摄影家的书上说，f/8的光圈用来拍摄景物，足以让远处的白云和近处的绿草都能清晰成像。第二是究竟用多大的快门值画面才不会因为手的抖动而模糊。现在的数码相机一般都有抖动提醒功能，但

是有一个公式大家可以参考，那就是快门时间不要长于1/焦距长度。比如焦距是20mm，如果快门时间比1/20s还长，那么画面就会因为手的抖动而出现可以被察觉的模糊。第三是怎样拍摄风景。想必很多朋友在出门旅游时，看到山水胜景都忍不住要拍摄下来，但是往往最后得到的照片看起来淡而无味。而职业摄影师们拍的风景却美如仙境。其实，这其中有一个关键的窍门，那就是画面要有远、中、近的层次对比。比如图15.8，拍摄的是红岩之国塞多纳，在取景的时候，我把近处和远处的景物都包含在了一张照片中，用f8的光圈使得它们都能清晰成像。这种拍摄手法在我读过的一本英文摄影书上叫作"Story Telling"。这样，画面就会显得充实，并且在一个二维平面里体现出空间感和景物的伟岸。下次你再看风景照片时稍加留意就会发现"薛子"所言不虚了。

图15.8　风景照片的拍摄讲究层次感

探索与发现

在网络上，关于数码相机摄影有不少教程，但是很少有人解释为什么我们要用一个麻烦的比值来代表光圈大小，而不直接使用它的直径。比如佳能PowerShot A630，在它的镜头上标注着"7.3–29.2mm 1：2.8–4.1"（见图15.9），这一串数字的意思是它的焦距范围为7.3~29.2mm，而在不同焦距下的最大光圈为f/2.8~f/4.1。通过很简单的运算，我们得知焦距为7.3mm时最大光圈直径为7.3/2.8≈2.6（mm），焦距为29.2mm时最大光圈直径为29.2/4.1≈7.1（mm）。根据本章的"闲话基本原理"小节中的介绍，我们知道光圈直径越大允许进入的光越多，那么想达到同样曝光程度，7.1mm的光圈所需的快门时间应该比2.6mm的光圈需要的快门时间短。实际情况如何呢？如果你尝试一下就会发现恰好相反，相机自动计算出来7.1mm的光圈所需要的快门时间大约是2.6mm的光圈所需快门时间的两倍。

图15.9　佳能PowerShot A630镜头标识

工程师们使用一个比值而不是直径来衡量光圈的大小自然是有他们的用意的。光圈直径与镜头焦距的比值衡量了这个镜头收集光线的能力，这个比值越小，镜头收集光线的能力就越强，所需快门时间就越短。对于不同焦距的镜头，只要它们光圈的f值一样（尽管光圈的直径不一样），它们便都具有相同的收集光线的能力，这一点我们可以从图15.10中看得更清楚。

为了方便定量地讨论，假设我们要用照相机给距我们非常远的一个巨大的平面光源拍照。这个平面光源由密密麻麻的相同瓦数的小灯泡组成，每个灯泡均向四面八方发光。相机的光圈和镜头可以等效为图15.10中的带有透光孔的简单透镜。由于光源离相机非常远，所以光源的成像就可以近似认为在镜头的焦距f上。为方便起见，假设CCD是圆形的，直径为C，那么容易从图15.10中得知，这块CCD能够拍摄下直径为$W=(L/f)\times C$的光源。由于光圈的限制，这个光源上的每个小灯泡发出的光均只有一小部分能进入照相机并最终照亮CCD，这一部分光在每个小灯泡发出的所有光中所占的比例为$\pi\left(\dfrac{D}{2}\right)^2/4\pi L^2$，即光圈小孔的面积与上半径为$L$（物方距离）的球面面积之比。我们得到照亮CCD的总光强如下。

光源面积×小灯泡密度×每个小灯泡发出的光强度$\times\pi\left(\dfrac{D}{2}\right)^2/4\pi L^2=\pi\left(\dfrac{W}{2}\right)^2\times\pi\left(\dfrac{D}{2}\right)^2/4\pi L^2\times$小灯泡密度×每个小灯泡发出的总的光强度$=$常数$\times\left(\dfrac{\pi}{64}\right)^2C^2\left(\dfrac{D}{f}\right)^2$，其中的常数是光源的一些属性，与相机光圈收集光线的能力无关。最后，衡量画面曝光量的指标是照射到CCD上的光强密度，所以还要除以CCD的面积，得到光强密度$=$常数$\times\dfrac{1}{16}\left(\dfrac{D}{f}\right)^2$。至此，我们推导出了一个光圈直径为$D$，焦距为$f$的镜头，对一个距我们非常远的光源发出来的光的收集能力由$\dfrac{D}{f}$决定，而不是单由光圈直径D决定的。所以对于不同焦距的镜头，只要它们的$\dfrac{D}{f}$相同，则它们需要相同的快门时间使得画面达到同样的曝光程度（当然，我们指在拍摄同一个物体时）。

现在你应该了解了为什么我们要使用一个“奇怪”的比值来衡量光圈的大小了吧？这个比值（或者称为光圈的f值）不仅在照相机上，在其他各种光学成像设备上也可以见到。例如用于科学研究的大型天文望远镜，天文学家希望它们的f值越小越好。有些先进的望远镜的光圈值接近$f/1$，甚至小于1，如亚利桑那大学铸造的光圈直径为24.5m的巨型麦哲伦望远镜[1]，其光圈值为f/0.71。这样的望远镜被称为"快"的望远镜，因为它们的聚光能力强，拍摄相同曝光量的照片需要的时间短。而在一般大众使用的照相机中，f/2.8是比较常见的最大光圈值。如果想购买更"快"的镜头，如光圈值为f/1.8的镜头，则其价格往往会成倍增长。可见在制造大光圈、短焦距的相机的同时保证成像质量可不是一件容易的事情。

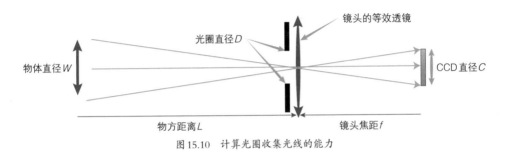

图15.10 计算光圈收集光线的能力

[1] 关于巨型麦哲伦望远镜的铸造过程及相关介绍，请参阅2012年第7期《无线电》杂志的文章《镜观宇宙四百年》。

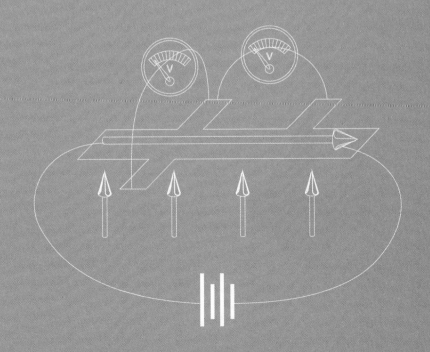

第 16 章

PID 控制原理与实践

" 本章将介绍一个非常好用的控制方法——PID控制。首先我们从理论上理解它的来龙去脉，你会发现它其实非常直观易懂。然后我们利用PID控制，来实现清新脱俗的两个制作：电路控制下的上拉式磁悬浮和下推式磁悬浮。 "

闲话基本原理

PID控制是由Proportional、Integral和Differential的第一个字母组成的缩写，意为比例、积分和微分控制，我们可以用它来控制机械装置实现预先设定的状态。比如汽车上的一个功能就是无须驾驶员控制油门，也能保持恒定速度，这就是汽车中的电路通过PID控制实现的。如果遇到了一个下坡，汽车运动速度稍微超过设定值，PID控制就会减少引擎进油量，使汽车运动速度减慢；如果遇到了一个上坡，汽车运动速度稍微低于设定值，PID控制就会增加引擎进油量，使汽车运动速度增加。电路执行这样的操作非常迅速，所以坐在车上的人根本感觉不到汽车运动速度有任何变化。

PID控制可能是应用最为广泛的一种控制算法，初次接触它的人肯定会觉得这是个高深的学问。有朋友说了，我连微积分都忘了（或者没学明白），还怎么去理解PID？你放心，本节我们看图说话，包你理解透彻。

如图16.1所示，在旧社会，京城里的黄包车夫祥子有一天碰到了位"大"主顾，一个100kg重的胖客人，他让祥子把他从前门大街头（图中0位置）拉到前门大街尾（图中1位置）。他的要求还颇多，既要最省时间，又要车正好停在前门大街尾，不能冲过了头。

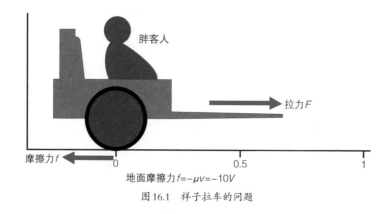

图 16.1　祥子拉车的问题

假设祥子的拉力用 F 表示，地面的摩擦力用 f 表示，注意，我们这里的摩擦力是与速度成正比的。在我们的高中物理课本上常常把摩擦力认为是一个恒定值，实际上它与物体运动的速度有着非常复杂的关系，既非简单的恒定值也非简单的正比关系，还有一门专门的学科叫作摩擦学，我有一个朋友就是在一家硬盘公司研究磁头与盘片之间的摩擦。在这里为简单起见，暂且假设摩擦力与速度成正比。

听罢胖客人的要求，祥子琢磨了一下该怎么拉车。如果一味地追求速度，从头到尾使出同样的力道来拉车，那么到了前门大街尾这车准停不住，得冲过头，到时候不给车钱可就白忙活了。于是祥子想，我开始拉车的时候用力大一点，加速快一点；到了接近前门大街尾的时候我就减小力，利用车自身的阻力来减速。用数学公式来表示，拉力 $F=K_p(1-x)$。其中 x 表示某时刻黄包车的位置，K_p 为比例增益。为了谨慎起见，我们替祥子求解一下运动方程，得到了他的位置随时间的变化而变化的曲线，如图16.2所示（获得图16.2所示曲线，K_p 取300，胖客人和黄包车的质量一起设定为1）。

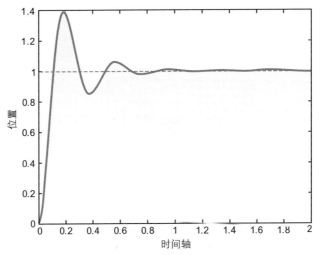

图16.2　仅有比例增益时，祥子的位置与时间的关系

从图16.2中可见，尽管采取了这样的策略，祥子最终还是会拉过头，只好再往回拉。往回拉的时候如果还是采用同样的拉车策略，则又会矫枉过正，如此反复，要好几次才能最终停在前门大街尾。有没有什么更好的办法呢？实际上如果真让祥子拉车，当他快靠近前门大街尾（1位置）的时候，他不仅不会再使劲拉车，反而会身子稍向后仰，给车一个阻力，使得车子在到达前门大街尾时速度减为零。如果用一个简化的数学模型来描述这个过程，拉力 $F=K_p(1-x)-K_dV$。其中 K_d 称为微分增益，V 为黄包车的速度。K_d 被称作微分增益是因为速度 V 可以看成位置关于时间的微分，即 $V=dx/dt$。如果 K_p 还是取300，则 K_d 可以取一个比较小的值，如30。这样一来，在离前门大街

尾比较远的时候，拉力中的第一项$K_p(1-x)$远大于第二项K_dV，所以F是正的，这表示祥子在用很大的力气往前拉车；而离前门大街尾比较近，而且车速已经很大时，拉力中的第二项开始比第一项大，所以F是负的，这表示祥子的身子开始稍向后仰，阻挡车子向前运动的趋势。我们求解此时的运动方程，画出祥子的位置与时间的关系如图16.3所示。你看，这是不是非常完美地达到了胖客人的要求呢！在很短的时间内就到达了前门大街尾，更可贵的是，到了那儿车就稳稳地停住了，没有图16.2所示的冲过头的现象。

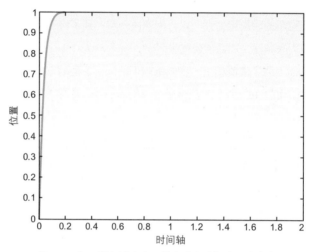

图16.3　加入微分增益时，祥子的位置与时间的关系

你刚刚看到的就是PID控制中的P和D，图16.2和图16.3展示的现象具有广泛的代表性。如果我们只有比例控制（P控制），那么最终结果就是会出现过冲现象和围绕着设定值慢慢衰减的振荡，慢慢衰减是因为有地面的阻力。如果阻力大一点，过冲现象就会轻一些，这个振荡也会衰减得快一点；如果没有阻力，那么最终就会围绕设定值持续大幅振荡，祥子的黄包车永远也不可能刚好停在前门大街尾了。而加入微分控制（D控制），则有效抑制了过冲现象和振荡，如果设置得当，还能完全消除这两种现象。

有读者会问，那么PID中间的I控制（积分控制）是干什么用的呢？在前面说的例子中的确用不上，但是如果这个客人故意刁难，他在车后面与前门大街城楼上拴了一根巨大的橡皮筋，如图16.4所示。橡皮筋上的张力$T=-kx$。其中k是弹性系数，负号表示橡皮筋的张力指向左边。

祥子并不知情，但是可以预见，如果祥子还是按照$F=K_p(1-x)-K_dV$来拉车，他会遇到这么一个情况，那就是在接近前门大街尾的时候，橡皮筋上的力越来越大，而他的拉力则越来越小，总有一处橡皮筋的张力与$K_p(1-x)$相等。过了这一点以后，黄包车所受的橡皮筋的张力就比祥子的拉力还要大，于是车子就会在这个地方的附近徘徊，永远也到不了前门大街尾了。解这个过程的运动方程，可得图16.5所示的曲线。

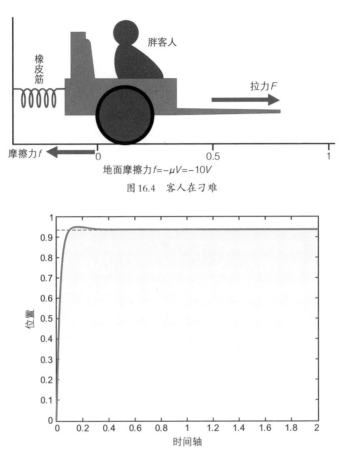

图16.4 客人在刁难

图16.5 被橡皮筋拉住的黄包车永远也到不了前门大街尾

这个时候，祥子肯定会觉得不对劲，怎么总是到不了前门大街尾呢？于是他在 $F=K_p(1-x)-K_dV$ 的基础上加上了 $F=K_p(1-x)-K_dV+K_i\int_0^t(1-x)\mathrm{d}t$，这最后一项的 K_i 就是积分增益，是一个比 K_p 和 K_d 小得多的值。当黄包车由于橡皮筋的拖曳怎么也到不了指定位置的时候，$1-x$ 始终是正的，这一项通过时间的累积会越来越大，终于祥子的拉力超过了橡皮筋，把车拉向前去。我们把这个运动过程画出来，如图16.6所示。可以看出它和图16.3几乎一样，黄包车迅速地到达了前门大街尾，并且稳定地停在了那儿。如果没有拴在车后的这根橡皮筋，而是街道有个坡度，街头低、街尾高，那么也需要加入这个积分增益才能到达街尾，否则就只能到 $K_p(1-x)=mg\sin\theta$ 的地方了（m 是黄包车和乘客的总重量，θ 是街道与水平面所形成的角度）。

我敢说，每一位黄包车夫都是PID控制的身体力行者，他们熟练地运用着这种控制方法，穿大街走小巷。其实，最早PID控制的提出就是研究人员通过观察船员控制轮船的方向提炼出来的。了解了它的基本原理，我们来看如何把它运用到实际制作中去吧！

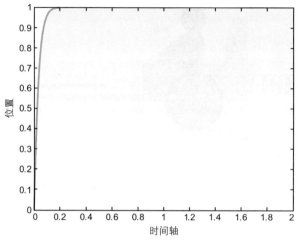

图 16.6　加入积分增益以后问题解决了

动手实践

　　首先我们可以用几个非常简单的元件搭建一个蕴含着 PID 控制原理的上拉式磁悬浮，实物如图 16.7 所示。通过为一个手工绕制的电磁铁通电，可以对图中的钕铁硼磁铁产生强大的吸引力，以至于平衡其重力。图 16.7 中的电磁铁是用直径为 0.255mm 的漆包线（图 16.7 中的红色细线）缠绕在一根一次性塑料注射器上制作而成的，我用的电磁铁的电阻值大约为 16Ω，具体数值并不是很重要。但是，注意不能使用铁制品作为电磁铁的芯，因为那样钕铁硼磁铁就会直接牢牢地吸附上去，无法通过电磁铁进行调节了。如果我们仅把这个电磁铁接上一个可调电源，增大电流，让它对钕铁硼磁铁产生吸引力以平衡其重力，是不足以让钕铁硼磁铁稳定悬浮在空中的（请参考第7章"逆磁悬浮"中的恩绍定律）。读过前面章节的朋友或许还记得，这种情况下钕铁硼磁铁在竖直方向上不具有势能最低点，不能稳定悬浮。这时，我们就需要一个电路来调节电磁铁的强弱，使得当钕铁硼磁铁偏离平衡位置试图"奔"向电磁铁时，电磁铁中的电流减少；当钕铁硼磁铁偏离平衡位置试图下落时，电磁铁中的电流增加，从而维持动态平衡。

　　电路小巧简约[1]，如图 16.8 所示。

　　首先我们从电路最右边开始看起。在电磁铁线圈左边并联着一个二极管，它的作用是在三极管 VT 被关断时使线圈通过它放电，而不至于给三极管一个很高的电压脉冲。在电磁铁线圈之下

[1] 本电路改进自网络上的一个制作，不知原作者姓名，在此谨表谢意！

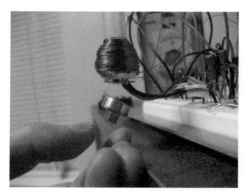

图16.7　上拉式磁悬浮实物图

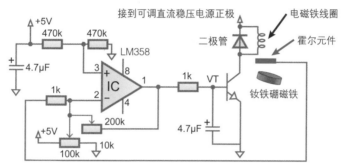

图16.8　简单上拉式磁悬浮电路

是一个用来测量磁场强度的霍尔元件，关于霍尔元件测量磁场的原理，我们在本章的"探索与发现"小节中会有更深入的讨论，并将了解它在前沿科学研究中的重要地位，目前我们只要知道它是一个测量磁场强度的传感器即可。贴片式的霍尔元件实物如图16.9所示，我使用的是Allegro公司生产的A1301贴片式线性霍尔传感器。其实，当时买的时候一不留神买错了，买了贴片式的，还得劳神费力地制作一个电路板焊上它。你可以直接买直插式的，型号并不重要，只要是线性霍尔传感器便可。给它提供5V电源电压，在没有外加磁场的情况下，它输出2.5V（在没有外加磁场时，其输出电压总是电源电压的一半）的电压。当有垂直于其表面的外加磁场时（方向如图16.9中所示），它的输出电压就会增加；如果磁场的方向掉个头，它的输出电压就会减少。增加或减少的程度与外加磁场强度成正比。不同型号的霍尔传感器对磁场的响应可能不一样，要在把它接入电路之前研究清楚。

　　电磁铁线圈下面的三极管是用来控制电磁铁中电流大小的阀门。由于电磁铁中消耗的电流比较大（约0.5A），我选用的是TIP31大功率NPN型三极管，它可以承受3A的电流，并且有很好的散热封装。在我最初尝试这个制作的时候，使用过普通的小三极管，结果，由于过热，它竟然把附近的一根电线的塑料皮融化了，当我试图用手分离它们时，手上还烫出了一个泡。所以请读者从我的惨痛经验中吸取教训，不要小看它的破坏力。

　　三极管的基极和发射极之间的电解电容是为了过滤一些不必要的电压波动，提升悬浮磁铁的稳定性。三极管的控制信号由基极通过一个1kΩ的电阻引入。这个控制信号要使得三极管集电极通过的电流足够大，这样产生的吸引力才能平衡掉钕铁硼磁铁的重力；另外，当钕铁硼磁铁偏离平衡位置时，控制信号要产生相应的变化，把它推回平衡位置。要做到这一点，就得求助于图16.8（左）围绕着运放LM358展开的负反馈放大电路了。

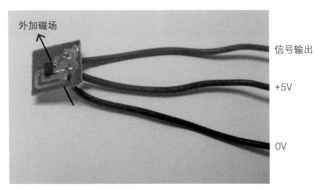

外加磁场

信号输出

+5V

0V

图16.9　贴片式的霍尔元件

　　如果没有图16.8中的100kΩ的变阻器，这部分就是一个传统的负反馈放大电路（我们在本书第4章中介绍过），其放大倍数可以通过调节200kΩ的变阻器进行调整。那么为什么我们要在电路上加入这个100kΩ的变阻器呢？简而言之，我们需要用它来调节钕铁硼磁铁处于平衡点时的电磁铁中的电流大小。因为每个磁铁的强度与重量都不一样，那么它在磁悬浮平衡点处所需要的电磁铁的强度也不一样。通过调节这个100kΩ的变阻器，我们可以在霍尔传感器的输入电压恒定的情况下，手动调节这个负反馈放大电路的输出电压，使三极管通过大小恰当的电流，从而对钕铁硼磁铁产生足够的吸引力。

　　当用面包板将这些电路元件连接好以后，我们可以按照下面的方式调试电路。首先用一个能显示电流大小的可调直流稳压电源给电磁铁和三极管所在的回路供电，这样做有两个好处，一是这部分电路耗能比较大，如果也用5V的电池供电会很快耗尽电量；二是我们可以实时观察电流大小，方便进行电路调试。将这个可调直流稳压电源设定为5V，200kΩ的变阻器以全部电阻接入电路（即负反馈电路的放大倍数为200倍），开始慢慢地旋转100kΩ的变阻器（注意不要使用那种只转一圈就从0变到100kΩ的音频变阻器，而要使用精密变阻器，如可以旋转20圈的那种，这样我们对负反馈放大电路输出电压的调节会更为精细），观察电源的电流值，直到它上升到0.2A。此时手握钕铁硼磁铁，慢慢地靠近电磁铁及它下面的霍尔传感器。如果我们看到电源电流减少，那就证明电磁铁和传感器的朝向是正确的。如果电流增加，那就需要调转电磁铁方向（或等价地，调转传感器方向）。在确认方向正确以后，用手感受此时电磁铁对钕铁硼磁铁产生的力是拉力还是推力，如果是推力，那就证明电磁铁的正负极需要对调。如果感受到的是拉力，恭喜你！电路的初步调试完成了！

　　然后进一步调整100kΩ的变阻器，增加电磁铁中的电流，并用手托住钕铁硼磁铁，保证它始终放置在距离电磁铁下端1cm左右的位置，直到某一刻钕铁硼磁铁开始疯狂地在手和电磁铁下端之间来回碰撞，这表明电路的拉力足够强劲，霍尔传感器也在认真工作，只不过负反馈放大电路的反应太过强烈了。此时需要减小它的放大倍数（即减小200kΩ的变阻器接入电路的阻值），从而减弱过冲现象。通过细致的调整，我们就能看到图16.7所示的神奇一幕了。如果通过调试100kΩ的变阻器和200kΩ的变阻器，但是钕铁硼磁铁的振荡始终不能降到很小，则有两个方法可以采用。一是如图16.8中所示的两个电容并联更多的电容，能够起到过滤波动的作用。二是增加钕铁硼磁铁的重量（图16.7中的大磁铁底下的小方块就是为了稍微增加它的重量的），它的惯性增加以后，反应就会"迟钝"一些，过冲现象也会减弱。

　　这个制作的电路结构是很简单的，但是它不像本书中其他的电路那样只要接通基本就能工作，它需要我们颇有耐心地调试，并对其工作原理深入理解。

　　如果你还没有被我绕叨糊涂，你可能记得本章的主题是"PID控制"。这个制作与此有什么关系吗？其实这个电路就是用硬件的方式来实现"PID控制"，更准确地说，是用硬件来实现"比例控制"。由于电路中没有微分控制，所以钕铁硼磁铁始终会在平衡位置左右轻微振荡，由于这个振荡不能在电路中被有效地衰减（注意，在祥子拉车的那个故事中，我们特地引入了地面的阻力来衰减振荡，否则图16.2中的振荡将会变成一个振幅恒定的正弦波），最终钕铁硼磁铁不再稳定悬浮而坠落。要在这个制作中引入振荡衰减机制使得悬浮稳定性大幅提高倒不难，而且不需要对电路进行任何改动，只需在磁铁下方或上方放置一块铝片（如从易拉罐上剪下来的）即可。图16.10

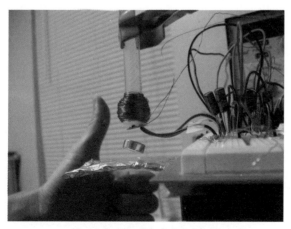

图16.10　用铝片来产生衰减机制

展示了这样的场景（图中的铝片是用铝箔折叠成的）。

可是为什么加入铝片能起到衰减磁铁振荡的作用呢？这个只需要回忆我们在高中学过的楞次定律就会得到答案。振荡的磁铁在铝片中产生变化的磁场，由楞次定律可知，变化的磁场会诱发感生电流，感生电流通过铝片的电阻把磁铁的动能转换为铝片的热能，起到了衰减振荡的作用，这种通过感生电流来衰减动能的方式在很多地方都得到了运用。我曾经使用过的一台扫描隧道显微镜就是通过这种方式来稳定扫描探针的。我还听说有一种过山车的刹车系统是在车底装上磁铁，当高速运动的过山车经过一个闭合线圈时，在线圈中产生感生电流，从而达到减速的效果。这样我们无须复杂的刹车装置，而只需楞次先生搭把手问题就解决了，刹车系统出现问题的可能性也大大降低。

从图16.3中我们看到，如果加入微分控制，能非常好地消除振荡，所以我们除了引入铝片这个衰减机制外，还可以引入微分控制，如图16.11所示（电路改编自著名DIY爱好者动力老男孩的网站DIY ROBOTS，但是动力老男孩也是分享自别人的制作），在第一级由运放组成的比例放大电路之后加上一级由运放组成的微分电路即可。这样钕铁硼磁铁悬浮的稳定性大大提升，即使无须外加铝片也能实现长时间的悬浮了。

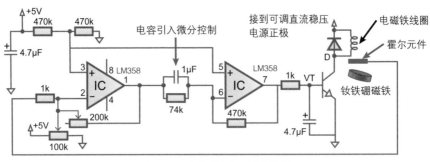

图16.11   在电路中加入微分控制

像上面这个制作这样，使用模拟电路（如果电路中的电信号用一串二进制数字来代表，那么它就是数字电路；而如果电路中的电信号是一个连续变化的值，那么它就是模拟电路。如今的电子产品绝大部分都使用数字电路）来进行PID控制是一件不容易的事情，需要对各种电子元件的"脾气秉性"了如指掌。相反，如果使用数字电路，则事情变得简单了，我们可以通过给单片机编程来实现PID控制。下面我们就用Arduino制作一个看起来更炫的上推式磁悬浮装置。

图16.12展示了这个装置完成以后的样子。当时我决定开始尝试这个装置的制作，也是受了动力老男孩制作的"盗梦陀螺"的影响。2011年2月号《无线电》杂志还专门刊登了一篇由动力老男孩写的制作文章，从文章中读者可以找到详细的制作步骤，以及其他爱好者尝试制作时遇到的困难与解决方法。下面我们就概括性地介绍这个制作的主要组成部分。

整个制作的想法是不难理解的，就像我们在第7章"逆磁悬浮"中介绍过的那样，一块小磁铁无法悬浮在另一块磁铁之上，因为空中的小磁铁在水平方向上是不稳定的。但是如果我们能够在小磁铁试图向旁边"开溜"的时候，给它一个推力把它拉回平衡位置，那么小磁铁就有望稳定悬浮了。这个制作的难度比本章第一个制作的难度大一些，因为那时我们只需要在竖直方向上约束悬浮的小磁铁即可，所以只需要一个传感器和一个电磁铁；而这里我们需要同时留意小磁铁在水平的 X 方向和 Y 方向上的运动，所以需要两路传感器和两组电磁铁［这就是你在图16.12（左）的中间位置上看到的4个墨绿色柱状物］。

图16.12　上推式磁悬浮装置实物图

制作开始于构建底座磁铁，如图16.13所示，我将10个圆饼形的钕铁硼磁铁用透明胶粘成一个圈，它们都是南极朝上的（也可以都是北极朝上的，它们的相同磁极指向同一个方向即可），你也可以直接买一个环形磁铁。把这个底座磁铁制作好以后，你可以用手把另外一块钕铁硼磁铁放在圆环中间，它也是南极朝上的（即它和底座磁铁的磁极指向同一个方向），就能感觉到底座对它的排斥力了。要注意底座必须是环形磁铁或图16.13所示的类似环形磁铁的结构。这样悬浮在空中的磁铁就不会感受到让它翻转的力矩（你亲自尝试一下就明白了）。如果底座是一整块磁铁，空中的磁铁除了会向两边"溜走"，还有"翻身"的危险，这样我们的控制电路就要变得更加复杂了。

底座制作好以后，应绕制4个电磁铁，每个电磁铁我均用了长度为12m、直径为0.4mm的漆包线绕制，绕好以后电阻为1.5Ω。电磁铁的高度比磁铁悬浮高度低0.5cm左右（磁铁悬浮高度可以用手把小磁铁放在底座之上进行粗略的估计）。大家可以从网上买到塑料的电磁铁骨架（不能是铁制的），或者如图16.14所示，自制一个骨架，我的骨架是从一根铅笔上锯下来的一小段，然后在两头用乳胶粘贴上两块硬纸片制作而成的。这样虽然费点事，但是其完全是量身定做的，流露出低调奢华的气质。

电磁铁绕好以后，用双面胶将其粘在已经用另一块硬纸板盖住的底座磁铁之上，如图16.15所示。注意它们应相对于底座磁铁的圆心对称排列，然后把焊接了两个直插式霍尔传感器3503的小洞洞板粘贴在4个电磁铁之间。霍尔传感器处于电磁铁半腰的高度，这样由电磁铁产生的磁场基本平行于霍尔传感器的表面，不会影响它们的读数。两个传感器成直角排列，它们的相交处位于底座磁铁的圆心，如图16.15所示。这样，当霍尔传感器A测量到悬浮的小磁铁向左偏离平衡位置时，Arduino就会通知电路让电磁铁A1和电磁铁A2通电，并且电磁铁A1向右排斥小磁铁，电磁铁A2向右吸引小磁铁，让它回到平衡位置。所以电磁铁A1和电磁铁A2是串联在一起的，并且通电时极性相反，电磁铁B1和电磁铁B2也是如此。

图16.13　底座磁铁粘贴在一块木板上

图16.14　自制电磁铁骨架［数字单位为厘米（cm）］

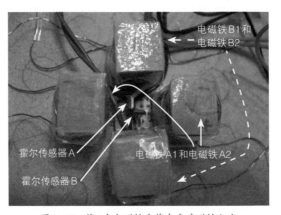
图16.15　将4个电磁铁安装在底座磁铁之上

　　然后我们来看如何读取从霍尔传感器得到的电压。这是通过一个简单的、放大20倍的运放电路实现的，如图16.16所示。运放LM358的正输入端连接两个变阻器，它们用来调节悬浮的小磁铁处于平衡点时的参考电压。虽说小磁铁的平衡位置大致位于底座磁铁的圆心之上，但是通过这两个变阻器我们能够细微地调整它在水平方向上的位置。

　　接下来就是用Arduino的Analog Reading来读取霍尔传感器电路送出的电压值（对应于悬浮小

磁铁的水平位置），然后通过PID控制算法来维持小磁铁处于平衡位置时对应的霍尔传感器的电压值。与本书第6章制作的无刷电动机类似，Arduino不能直接控制电磁铁中的电流，而是需要通过L298N驱动板，它正好可以控制两组电磁铁。具体的线路连接请读者参考开始提到的动力老男孩的网站和文章。

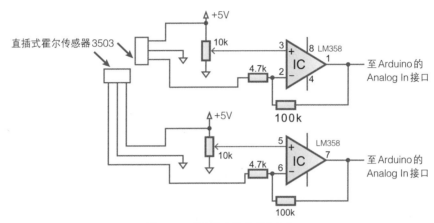

图16.16　读取霍尔传感器的电路

电路连接好以后，就是一段长长的考验耐心的调试时间。这里需要调节的参量包括硬件部分和软件部分的参量。硬件部分的参量是两个变阻器输出的参考电压，软件部分是PID控制中的比例增益和微分增益（此处无须积分增益），其中的迷惑、沮丧及喜悦只有你亲自尝试才能体会到。各种调试的细节在动力老男孩的网站上都能找到，这里就不再重复了。我想要强调的关键内容是水平的两个方向要分开调试，如可以用手指限制住小磁铁在左右方向上的运动，调试软硬件参数使得它在前后方向上基本达到稳定；然后按照同样的方式调试使得它在左右方向上基本达到稳定。之后才可以松开手，把小磁铁放在半空中观察它的反应，然后对软硬件参数作微小调整使其的悬浮更加稳定。

当你开始尝试这个制作，遇到很多困难时，请相信这些我们也曾经历过，当你心灰意冷准备放弃时，请相信成功来自仅仅多一天的坚持。

探索与发现

霍尔传感器在本章中起到了明察秋毫的作用，用它来测量磁场的强度，是一个非常准确的方法。在这一小节中，我们将探究为什么这个传感器能"看到"磁场的强弱，以及霍尔传感器的核心——"霍尔效应"在前沿科学研究中的应用。

19世纪末，当科学研究还不像今天这样复杂和细化的时候，科学实验往往是不难理解的，这也是科学最为有趣的时代。1879年，美国约翰斯·霍普金斯大学物理系年轻的研究生霍尔先生做了一个实验（见图16.17），他在一张薄薄的金箔两端加上电压，使得有电流通过，然后在垂直金箔表面的方向上加以磁场，最后他在金箔的两侧用一个极为灵敏的电压表测量电压值（通常在10^{-6}V量级）。但是他为什么要做这么一个奇怪的实验呢？在本书的第6章中曾经提到过法拉第等实验物理学家在19世纪前期已经发现了通电导线在外加磁场的作用下会感受到一个推力，法拉第据此发明了电动机。但是大家一直认为这个力是作用在金属的晶格上，而不是作用在其中的电流上。这个理论并没有任何实验支持，只不过大师麦克斯韦也是这么说的[1]。年轻的霍尔先生不信这个邪，于是他想用这样一个实验来验证这个理论。如果磁场力是作用在金属晶格上的，那么电压表不会测量到任何东西；如果磁场力是作用在电流上的，那么在电压表上应该会有一个不为0的读数。

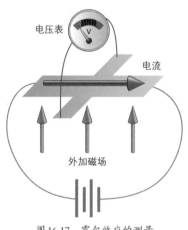

图16.17　霍尔效应的测量

为什么说磁场力作用在电流上就会有一个不为零的侧向电压值呢？我们来看图16.18。在通电的金箔中，电子从电池的负极运动到正极，这样电子就会有一个向左的速度。如果有一个外加磁场，那么根据高中物理学过的左手定则，这个运动的电子会感受到一个垂直于其速度的磁场力。在这个力的作用下，电子的运动轨迹开始发生偏转，最终会到达金箔的边界上，导致那里的电子密度就会比正离子（金属的晶格）的密度大一些。由于这一侧的电子越来越多，那么相对的另一侧就会留下越来越多的正离子，这样在金箔的侧向就会产生一个电压。当然，这个电压并不是无休止地增大，因为这个电压会为在金箔中间部分运动的电子一个电场力，与它们所受的磁场力方向刚好相反，在大小也相等的时候，这两个力相互抵消，从而电子的运动轨迹不再发生偏

[1]　请参考文献 J. E. Avron, D. Osadchy, R. Seiler. A Topological Look at the Quantum Hall Effect [J]. Physics Today, 2003, 56(8)：38–42.

转，金箔的侧向电压也达到了一个饱和的稳定值。

我们可以求解这个饱和电压值——或称霍尔电压 V_H 是多大（如图16.19所示）。假设金箔的宽度是 L，由于霍尔电压在金箔内部产生的电场为 $E = V_H/L$，所以电子所受到的电场力为 $F_E = Ee = eV_H/L$，其中 e 是电子电量。而这个电子所受到的磁场力为 $F_B = eBV$，其中 V 是电子运动的速度，B 是磁场强度。当这两个力相等的时候，电子在侧向所受的合力为零，它的运动轨迹不会发生偏转。所以 $F_E = F_B$，可得 $eV_H/L = eBV$，即霍尔电压 $V_H = BVL$。这表明我们在金箔两侧测量到的电压直接与外加磁场的强度 B 成正比，所以基于这个现象的霍尔传感器可以非常准确地测量磁场强度。

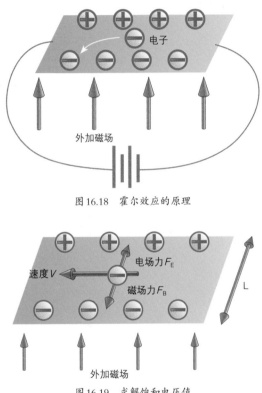

图16.18 霍尔效应的原理

图16.19 求解饱和电压值

在霍尔先生发现了这个效应之后，它就被应用到磁场的测量、导体性能的表征等方面了（注意到霍尔电压还与电子的运动速度成正比，在外加正负极电压和导体尺寸相同的情况下，越纯净的导体中的电子的运动速度越大）。但是它真正的辉煌出现于1980年和1982年的两个意外发现。1980年，德国物理学家克劳斯·冯·克利青试图使用霍尔先生的实验技术来测量一种二维半导体样品的质量，他的实验室拥有非常强大的磁场（15T）和非常低的温度（零下271.5℃，或1.5K）。在天时、地利、人和的条件下，克劳斯·冯·克利青先生把他的样品放置在仪器中，开始慢慢地增加磁场强度。此时他并不知道一个惊人的发现正在等待他。他的样品示意图如图16.20所示。注意在他的实验中除了要测量霍尔电压（图中用V_{xy}表示）外，还要测量在电流方向上的电压（图中用V_{xx}表示），因为样品的各个地方都具有电阻，电流通过时电压就会降低。

在磁场比较小的时候（注意在整个实验过程中，通过样品的电流保持恒定值），克劳斯·冯·克利青观察到霍尔电压（图中的V_{xy}）的确像我们开始提到的公式$V_H = BVL$那样线性增加，而电流方向上的电压V_{xx}没有发生什么变化，也就是说导体的电阻没有随着磁场强度的增加而改变。这两点可以从图16.21的红色虚线内的数据看出来。但是随着磁场强度的进一步增加，到1.5T以上时，奇怪的事情发生了，霍尔电压V_{xy}不再随着磁场强度的增加线性上升，而是出现了一系列平台一样的结构。而且V_{xx}出现了等于0的情况（图16.21中的红色箭头所指区域）！这是什么意思？这表明，当磁场强度处于这些值附近时，导体在电流方向上是没有电阻的（否则电压等于电流乘以电阻，应该不为零）！是不是很神奇呢？我们知道超导体也是没有电阻的，所以如果我们用它来输送电能，将会大大地节省在输电线路上消耗的能源。而克劳斯·冯·克利青先生通过这个实验告诉我们，除了超导体，还有另外一种状态也可以出现零电阻，那就是给一个非常薄的导体加上强磁场。

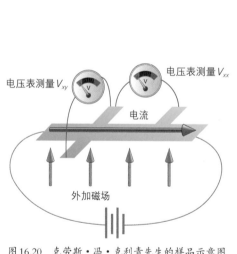

图16.20　克劳斯·冯·克利青先生的样品示意图

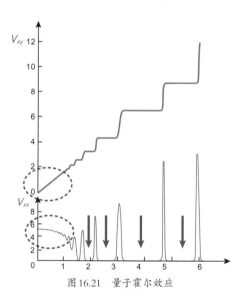

图16.21　量子霍尔效应

要理解为什么会出现这么奇怪的现象，需要用到量子力学，所以它被称作量子霍尔效应，而1982年，华人物理学家崔琦及德国物理学家霍斯特·施特默用更加纯净的样品来研究量子霍尔效应时，他们意外地发现在量子理论预言霍尔电压不应该出现平台的地方出现了新的平台，被称为分数量子霍尔效应。像超导体一样，这两种霍尔效应实际上是物质存在的新形态。在这两个非常意外的发现出现之后，无数理论学家、实验学家投入毕生的心血研究它们。由于其重要性，克劳斯·冯·克利青获得了 1985 年的诺贝尔物理学奖，崔琦、施特默和理论学家劳克林获得了 1998 年的诺贝尔物理学奖。

　　从实用的角度来看，零电阻这个性质是非常诱人的，但是需要外加强磁场，这个限制了它的应用。我们总不能在每根电线底下都摆一溜巨大的电磁铁吧！所以科学家们一直在寻找一种全新的材料，它们无须外加磁场也可以出现量子霍尔效应中的零电阻特性。最近几年，这个研究方向开始出现重大突破，研究人员合成了被称作拓扑绝缘体的材料，在无须外加强磁场的条件下也能呈现零电阻的特性。

第 17 章

在家探测宇宙射线

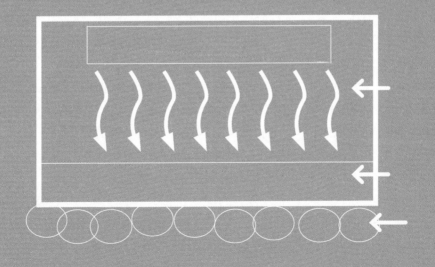

> 在本章中，您将了解如何用容易得到的材料探测我们身边的宇宙射线。通过自制一个巧妙的装置，让速度接近光速、尺寸远小于原子的微观粒子呈现在我们眼前。我们还将介绍如何利用宇宙射线来验证爱因斯坦相对论中一个匪夷所思的结论，即运动的物理时钟变慢，以及如何利用宇宙射线来发现金字塔内部的神秘洞穴。最后，我们将介绍中国自建的具有世界领先水平的宇宙射线观测站。

闲话基本原理

时间回到20世纪初，虽然当时的世界时局动荡，但自然科学领域却取得了前所未有的进展。其中，最重要的成果之一便是放射性物质的发现。以贝克勒尔和居里夫妇为代表的科学家们发现，一些自然矿物会发射出具有很强能量的射线。这些射线能引起空气的电离。当时人们普遍认为，由于这些电离辐射来自地表以下矿物的衰变，所以随着离地面高度的增加，探测到的电离辐射的强度应该是减弱的。

1912年8月7日，奥地利物理学家维克多·赫斯把当时最先进的、能测量并记录电离辐射的验电器搭载在了一个气球上，以期检验很大范围内的电离辐射随高度的变化而产生的变化。气球飞到距离地面5000m左右的高空中，出人意料的是，赫斯发现随着气球上升，探测到的电离辐射逐渐增加（如图17.1所示）。于是赫斯断言，还有一种来自地外的很强的电离辐射。这便是后人所知的宇宙射线（或称宇宙线）。图17.1（左）是根据赫斯在1912年探测到的数据绘制的电离辐射强度随海拔的变化而产生的变化。图17.1（右）是1913年及1914年更精细的测量。电离辐射强度在最开始1000m的高度内的确略有降低，但是随后迅速上升。

宇宙射线是一种游荡在广袤星际空间里的粒子，约90%是质子（即失去了电子的氢原子核），这正是形成所有恒星的原材料。这些带电粒子具有极高的能量，以接近光速的速度运动。其中有一些宇宙射线的能量比地球上最强大的对撞机所产生的粒子能量还要高好几个数量级[1]。可以想见，这些粒子在大气层顶部与我们的空气分子相遇，就相当于在进行极高能量的对撞机实验，从而产生大量的原子核碎片——一些次级高能粒子。图17.2展示了这样的复杂过程。

初级宇宙射线在大气层中诱发的次级宇宙射线。其中N代表原子核。$\pi^{\pm}$代表带正负电荷的π介子。π^{0}代表中性的π介子。$\mu^{\pm}$代表带正负电的μ子。e^{+}代表正电子。v代表中微子。n和p代表中子和质子。波浪线代表高能光子。高能初级宇宙射线与空气原子核相撞击，产生了许多次级宇宙

---

[1] 关于宇宙射线的更多介绍，请参考欧洲核子研究组织的官网。

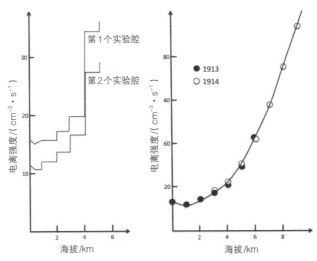

图 17.1 两次实验测量的电离辐射强度随海拔的变化

射线，主要产物是图 17.2 所示的 π 介子（一种在原子核内部传导核力的微观粒子）。它们的寿命在纳秒级别或更短[1]。带电的 π 介子衰变产生了带同样电荷的 μ 子及中微子。中微子身形短小，一般不与其他物质发生作用。而 μ 子则不同，它是一个"小胖子"。虽然它看起来就像一个电子，但是重了 200 多倍（实际上它和电子一起归属于基本粒子中的"轻子"家族）。正是由于超重、高能且带电，它具有很强的电离能力。注意，次级宇宙射线中的 μ 子的能量已经远低于初级宇宙射线中的，因此在与空气分子相撞时不会像初级宇宙射线那样把原子核撞碎。其能量只够引起分子的电离。

这些在大气层顶部大量产生的 μ 子一路倾泻而下，就形成了我们能在家里探测的（其实就是用眼睛看）宇宙射线的主要成分。虽说 μ 子是"小胖子"，但是也得分是跟谁比。它的质量比一个质子要小很多，而且运动速度接近光速。如此细小的粒子，怎么能用眼睛看到呢？

这就得归功于一个巧妙的装置——威尔逊云室。查尔斯·威尔逊是一位英国物理学家，主要

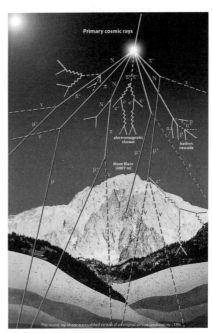

图 17.2 初级宇宙射线在大气层中诱发的次级宇宙射线（图片来源：爱丁堡大学科普网站）

[1] 更多信息请参见论文 L. Villaseor. Muon，Pion and Kaon Lifetime Measurements [J]. Aip Conference Proceedings，2003，674：237-245.

研究方向是气象学，如云雾的形成等。按理说一位研究气象学的专家与高能粒子的研究关系不大。但是，当时的威尔逊正处在世界粒子物理研究的中心之一——英国剑桥大学卡文迪许实验室。对于放射性物质的研究使这个实验室产生了许多位诺贝尔奖得主。我们所熟悉的电子就是由J. J. 汤姆逊在这里发现的。所以，威尔逊把他所擅长的云雾形成机理研究与微观粒子探测结合起来似乎也合情合理。机遇是留给有准备的头脑，此言不虚。

　　我们来看威尔逊是怎样通过云雾让微观粒子"现形"的。

　　您或许听说过人工降雨。久旱的地方，高空空气中并非干燥到没有水汽，而是缺少一个让水汽凝结成雨的理由。通过发射一些细小的粉末进入云层中，加速其中的水汽凝结成水珠，就有可能导致降雨。威尔逊云室的工作原理就与此类似。图17.3展示了一个云室的示意图。威尔逊最早发明的云室比它复杂很多，但是效果却比不上这个云室。因此我们就从这个改进版的云室开始。

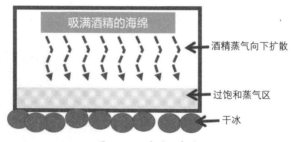

图17.3　云室的示意图

在一个封闭的盒子内部上方，悬挂着一块吸满了酒精的海绵。而盒子底部与零下78.5℃的干冰接触。由于上下温差，导致盒子上方的酒精蒸气扩散到下方时会遇冷凝结。但是这个过程并不能消耗掉所有的酒精蒸气，因为每一次凝结都需要一个凝结核，如一些细小的灰尘等。密封盒子内的凝结核很快就用完了，这导致在盒子底部高度1cm左右的区域形成一层过饱和蒸气区。所谓过饱和，即在这个温度和压力条件

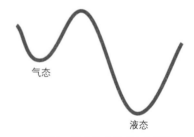

图17.4　气态液态的"山地图"

下，酒精的稳定物态应该是液态，但是由于酒精蒸气无法凝结，酒精还是保持气体的状态。您可能会问，明明液态更稳定，为什么会待在气态呢？乍看起来就好比水明明可以往低处流，却偏要悬在空中一样，令人不解。其实，这种现象在自然界中十分常见。可以通过图17.4所示的示意图来理解。我们可以把物理状态理解成一处起伏的山地。气态是一个山坳，而液态是另一个更低的山坳。虽然液态更稳定，但是气态若要变为液态则需经过一个小山丘，我们把它叫作"能垒"。因此气态就是一个亚稳态，并不会自发地变为液态。

　　您要问了，这个"能垒"是怎么形成的呢？这归结于液体表面张力。当蒸气凝结时，首先形

成液滴。在液滴和周围气体之间的界面上就产生了表面张力，或者说带来了表面能。当液滴形成时，气体分子的聚集本来是一件皆大欢喜的事情，即体系的能量降低了，降低的能量大致与液滴体积（分子个数）成正比。但是表面能却使体系的能量升高了。液滴尺寸越小，表面与体积之比就越大，因此能量升高占据主导地位，从而导致小尺寸的液滴无法形成。而大液滴是从小液滴长大的。如果小的液滴无法形成，大的液滴更无从谈起。可以用数学软件或者在线数学工具（如WolframAlpha）画一下函数 $E=r^2-r^3$ 的图，其中 E 代表一个小液滴的能量，r 代表其半径。第一项（r^2）就代表了表面能带来的能量升高，第二项（r^3）代表了凝聚带来的能量下降。这时我们会看到这个函数图和图 17.4 有些类似。即在 r 增大的过程中有一个"能垒"。因此，在一个蒸气中，小液滴一旦形成也会自发分解，因为 $r=0$（气态）才是稳定的。过饱和蒸气就这样产生了。

这个问题似乎陷入了僵局，即使温度再低，气体好像也不想凝结成液滴。但是，通过研究曲线 $E=r^2-r^3$ 我们就能发现，只要 r 大于一个临界值（在这个函数中临界值 $r=2/3$），随着 r 的进一步增大，能量都是降低的。因此如果能在过饱和蒸气中诱导出半径大于临界值的液滴，接下来的事情就交给时间了。蒸气会迅速凝结在这些液滴周围，使其进一步长大。人工降雨时发射凝结中心就是起到了诱导的作用。而在威尔逊云室中，起到类似作用的则是宇宙射线。

上文提到，许多宇宙射线，如最常见的 μ 子，具有很强的电离能力。当它在过饱和蒸气中运动时，它能电离蒸气中的分子，使其带正电。带电的分子会吸引周边的分子（中性分子会被极化从而吸引），于是有望跨越"能垒"，产生半径超过临界值的小液滴。此后就一发不可收拾，直到形成巨大的、肉眼可见的液滴并被重力驱动下坠。因此，宇宙射线在云室里会留下一道道白色的轨迹，从而显现出其踪迹。云室是如此巧妙和强大的一个装置，在粒子物理发展的最初几十年间起到了无与伦比的作用。如著名的、第一个被人类所发现的反物质——正电子就是利用云室在宇宙射线中探测到的。μ 子也是如此。当时人们称之为 μ 介子，以为它是理论学家预言的那种在原子核内部传递力的粒子，后来才发现搞错了。但是很多文献还是习惯性地称之为 μ 介子，如著名的《费曼物理学讲义》，对此习惯我最初也颇感迷惑。

动手实践

通过前面的讨论，我们了解了宇宙射线及探测方法。接下来就可以亲手制作一个云室，来探测此时此刻正在穿透人们身体的高能粒子了。

所需材料看起来十分简单。其中产生蒸气的溶剂可以选择异丙醇。之前有人用普通酒精制作的云室，其所形成的过饱和蒸气区略小一些。注意，我在盒子底部铺上了一层黑色的布，其目的是增加轨迹的对比度。因为轨迹是一些白雾状液滴，在黑色背景下更容易观察到。另外，旁边的照明灯也很重要。在室内环境黑暗的情况下，照明灯能够使轨迹凸显出来。此外，需将干冰放在一块泡沫板上，用以隔热，减缓其升华。异丙醇和干冰在网上都可以买到。只不过干冰的保存时间非常短，每次做实验均需要提前准备好。当一切准备就绪后，静置10分钟，就能在云室底部看到一些轨迹，大约每分钟能看到一次，需要有些耐心。不过，能亲眼目睹宇宙射线的身影，这值得一切等待。

所需材料

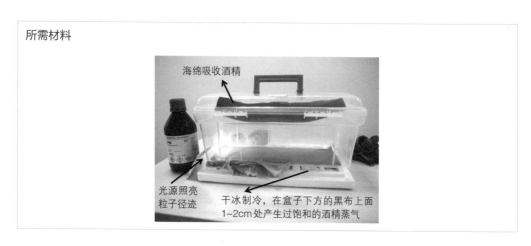

利用这个云室，我看到了许多宇宙射线。其中最有趣的一条如图17.5所示。图片对应的实际尺寸约为5cm。每两张图之间相隔1s。

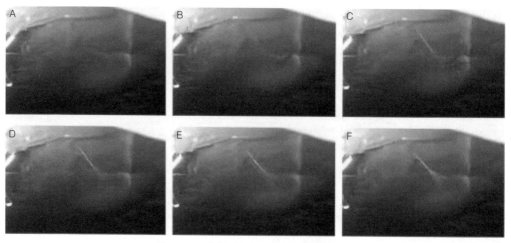

图17.5　用自制云室观测到的一条有趣轨迹

图17.5（A）是波澜不惊的常态。由于干冰的作用，使得盒子底部像是下起了毛毛细雨，这正是异丙醇蒸气凝结而成的，它们由盒子里残留的一些凝结核诱导产生。其周围充满了过饱和蒸气。在图17.5（B）中出现了两条细细的白色直线，它们同时出现，而且在摄像头无法分辨的时间内这

两条白色直线就形成了。很显然，导致它们出现的粒子运动的速度非常快。这带来了一个问题，这两个粒子究竟是从左向右运动还是从右向左运动呢？

仔细分析这个过程，如果两个粒子从左向右运动，则意味着同一时刻[1]有两个粒子恰好出现在非常靠近的区域内，而且似乎它们的轨迹还能交汇于一点（红色箭头指向的区域）。从概率上来说这是非常巧合的事情。那么，这意味着它们更像是一次衰变或对撞的产物！也就是说，它们从右向左运动，来自于同一个原点。

但是，这似乎与图17.5（C）相矛盾。在图17.5（C）中，我们会看到红色椭圆中出现了一条弯弯扭扭的轨迹。它的延长线与图17.5（B）中的两条直线交汇于一点。从时间上来看，图17.5（C）中的这条扭曲的轨迹出现于图17.5（B）之后，更像是两个粒子相撞之后产生了一个新的扭动着身子的粒子。其实，这个矛盾恰好更进一步证实了图17.5（B）中的两个粒子产生于一点，是从右向左运动的。这是因为高能粒子的电离能力与它们的运动速度间有一个非单调的关系。粒子速度太低，能量不够电离气体。但是粒子速度太高也不行，因为它会从每个气体分子身边擦肩而过，相互作用的时间太短。所以不快不慢的粒子才最合适。图17.5（C）中的那条扭曲的轨迹之所以后出现，并且比较暗淡，就是因为导致它的粒子的能量太高，运动速度太快。因此只能产生少量电离，其凝结蒸气的能力比较弱，从而轨迹形成得慢，轨迹也比较浅。而它之所以弯弯扭扭，则体现了它多次与空气分子发生碰撞，不断改变其运动轨迹。在它变成了两个粒子之后，各自的能量降低了，电离能力反而增强了，所以其轨迹出现得清晰迅速。

图17.5（D）～图17.5（E）则是这些轨迹在云室中慢慢飘动、消散的过程。其中有一条轨迹在慢慢地向另一条靠拢。或许是因为产生它们的粒子携带了不同电荷？

关于这些轨迹，还有一个问题就是它们的形成过程是怎样的？在实际研究中，通过在云室里施加磁场观察轨迹的弯曲情况，可以得到粒子的质量、电荷等信息，就可以判断粒子的种类。而我们这里只能进行一些猜测。首先，它不可能是μ子的衰变。因为从图17.2可以看到，μ子衰变为电子和中微子。虽然电子可以在云室中留下轨迹，但中微子不能。那么这个轨迹很有可能是μ子撞击某个分子，发射出了高能电子的同时μ子被弹开的过程。当然，也有可能是其他一些放射性元素的衰变。

上文所制造的云室采用了干冰制冷，用起来非常麻烦。有没有别的方法也可以制造一个冷源[2]呢？接下来，我们就尝试使用半导体制冷片来取代干冰，实现快速便捷的云室。

半导体制冷片如图17.6所示。它是一种没有机械活动部件的制冷装置。生活中常见的一些小型无压缩机的冰箱使用它。

---

[1] 通过阅读本书"Feed the monkey"这一章，我们知道根据相对论，在某个参考系里"同时"发生的事情在另一个参考系中看来可能是不同时的。不过这只有在相对高速运动的参考系中才能看出区别来。

[2] 另一种思路是加热溶剂，低温端就是室温，但是这样溶剂蒸发得比较快。

　　半导体制冷片的型号TEC1-12710代表了它的工作电压和电流。其中127代表了半导体制冷片所包含的半导体PN结的对数，这个数字越高，需要的工作电压就越高。127型的半导体制冷片一般需要12V左右的工作电压，最高不要超过15V。而10则代表了最大工作电流（可以通过搜索peltier cooler datasheet，找到它们的参数）。半导体制冷片的工作原理依靠的是佩尔捷效应。虽说这个效应已经发现了100多年，但是寻找更高效率的半导体制冷材料仍是当今科研一个最前沿的研究方向。

　　在制作中，为了得到更低的温度，我们可以采用两片半导体制冷片，并加上循环水冷，如图17.7所示。将半导体制冷片的数字面（即制冷面）都朝上。这样12706的产热面与12710的制冷面紧贴，中间用导热胶连接，以期12706产生的热量完全被12710带走，从而在上表面产生更低的温度。而12710底部将会非常热（注意，两块半导体制冷片在工作时总功率接近200W），因此需要用导热胶连接一个水冷头。要注意，半导体制冷片的产热面必须有冷却装置才能通电。如果直接给一块没有冷却装置的半导体制冷片通正常工作电压和电流，很容易导致产热面过热而烧毁半导体制冷片（短暂的低电压测试制冷效果是安全的）。小型水冷装置及半导体制冷片使用的电源在网上都能以几十元的价格买到。虽然一次性投资比干冰略大，但是长远来看是很值得的。

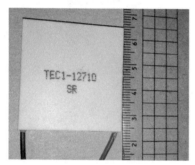

图17.6　型号为TEC1-12710的半导体制冷片

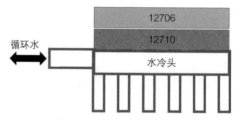

图17.7　半导体制冷端示意图

　　利用这样的制冷装置，12706表面的温度很快就能降低。如图17.8所示，不到一分钟，表面温度就能降到零下20多℃。如果暴露在大气中，表面很快就结霜了。虽然它没有干冰那么低的温度，但是在接下来的实验中产生的过饱和蒸气区也足够大了。注意在图17.8中，我把半导体制冷片的上表面涂黑了（测温枪所正对着的那个黑色方块），这样做的目的也是为了让宇宙射线轨迹更加清晰。

　　冷源得到了，接下来就是制作出一个容纳酒精的小空间。用1mm厚的薄亚克力板、美工刀、剪刀和502胶水就可以方便地制作出来了，如图17.9所示。对于薄亚克力板的切割，只需用刀划出一道刻痕，然后直接利用桌子边缘将其掰断即可，并不需要更高级的切割装置。修剪一下边角尖锐处以免划伤手。在亚克力盒子顶部放一块海绵吸收酒精，盒子下部不封口直接接触半导体制冷片表面，就大功告成了。

利用这个方便的装置，我们可以观察到清晰的宇宙射线。如图17.10所示，左图是常态，右图是宇宙射线经过时留下的轨迹。注意，这里的制冷区域面积比较小，只有4cm×4cm。因此可能需要更多的耐心等待宇宙射线"降临"在这个小小的空间中。

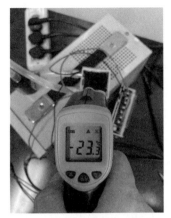

图17.8　半导体制冷片表面的温度

图17.9　整个云室的完成图

图17.10　利用半导体制冷片制作的云室观察到的宇宙射线轨迹

探索与发现

在本章开头，我们提到了在地面上探测到的宇宙射线主要来自μ子。从图17.2中我们也可以看出，μ子会衰变成为电子和中微子。但有一个问题我们没有考虑，即μ子的寿命有多长。根据测量[1]，μ子的寿命τ约为2×10^{-6}s。在大气层上方产生的μ子有多大概率能到达地表呢？假设μ子

[1] 请搜索论文D. H. Frisch, J. H. Smith. Measurement of the Relativistic Time Dilation Using μ-Mesons [J]. American Journal of Physics, 2005, 31(5): 342-355.

以光速运动，大气层厚度取一个保守的值10km，则需要约3×10^{-5}s，这已经是μ子的寿命的10倍了。虽然，并不是所有的μ子在存活了2×10^{-6}s后都会衰变，因为μ子的存活率与时间t服从$e^{-t/\tau}$的关系。但是很容易可以算得，当$t > 10\tau$时，其存活率已小于0.00005。这似乎意味着，在地表应该很难探测到μ子。

1962年，两位美国物理学家在海拔2000m左右的华盛顿山顶的观测站上进行了测量，发现一小时能测到约560个μ子。注意他们选择了速度最低的那一部分μ子，数量只占具有各种能量的总μ子数的约1%。当然，这部分速度最低的μ子也有平均约0.995倍的光速。然后，它们利用阻挡材料把这些μ子的速度降到接近零，测量了几乎静止的μ子的衰变曲线，如图17.11所示，它描述了一定数量的μ子随时间的衰减规律。它表示初始的560个静止μ子由于衰变带来的数量减少。从中拟合出μ子寿命为2.2×10^{-6}s。您可以通过搜索"Measurement of the Relativistic Time Dilation Using μ-Mesons"找到研究论文，看到其中的许多细节。

接着，研究者把实验装置带到了地表再次进行测量。通过图17.11的数据进行估计，如果在海拔2000m的地方每小时能测到560个低速μ子，那么到了海平面，相当于这些μ子又经过了至少7×10^{-6}s（2000除以光速）的时间。如果从图17.11来看，经过这段时间之后，560个低速μ子应该衰变到只剩20多个了。但是实际情况呢？研究者每小时约测量到了410个低速μ子！

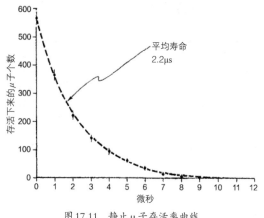

图17.11　静止μ子存活率曲线

差别是巨大的，肯定不能用实验误差来解读。如果考虑爱因斯坦的狭义相对论，则这个结果就变得理所当然了。在狭义相对论中，有一个结论是——运动的时钟变慢，且变慢的比例为$\sqrt{(1-v^2/c^2)}$，其中v是粒子的运动速度，c是光速。即在地球上看来经过了7×10^{-6}s，在以0.995倍光速运动的μ子看来只经过了约0.7×10^{-6}s。从图17.11上看，从山顶到海平面经过0.7×10^{-6}s的时间后，560个低速μ子还应该有超过400个存活。而这，恰恰就是实验观察到的结果。

这个实验用很低的成本，十分清晰地验证了爱因斯坦相对论的伟大。正因如此，华盛顿山顶的观测站（如图17.12所示）成为了物理学史上一个重要的纪念地，图17.12（上）是白雪覆盖的华盛顿山顶观测站。牌子上写着华盛顿山顶峰，6288英尺，1917m。图17.12（下）是美国物理学会放置在该处的历史纪念牌。记录了20世纪60年代初，大卫·H.弗里施和詹姆斯·H.史密斯两位物理学家在此进行了一个经典的实验，展示了μ子寿命符合爱因斯坦狭义相对论。

需要指出的是，对爱因斯坦相对论中的关于运动时钟变慢这一结论的解读在本书"Feed the monkey"一章中有较详细的讨论。其实归根结底还是"同时的相对性"这一现象在捣乱。

图17.12 华盛顿山顶观测站

宇宙射线除了可以用来检验相对论，还有一些非常神奇的妙用，如用来给金字塔"做体检"。人们由此发现了胡夫金字塔内部的一个尘封了4000多年的密室。

利用μ子极强的穿透能力，人们在金字塔的底部放置探测器，测量穿过金字塔的μ子。因为金字塔的石材对μ子的散射能力要强于空气，因此如果金字塔内部某处有未被填充的空间，那么相比其他地方，μ子更容易穿过该处，从而导致探测器测量到的信号增强。通过对金字塔进行扫描，可以发现塔内的一些结构，正如我们用X射线检查身体一样。通过测量，研究人员发现在国王墓室上方，出现了一个μ子穿透率增高的区域。如图17.13中的"新观测到的隐秘空间"所示。这个区域对应了一个未知的密室，它是否从未被人光顾过呢？它为什么要设计得如此隐秘呢？它是否有入口呢？这些都是引人遐想的问题。

当然，除了给金字塔"做体检"，人们也利用μ子给西安的古城墙等文物建筑做过检查。研究人员还利用μ子研究火山内部的结构、预测火山的活动性。可见宇宙射线实在是大自然给我们的馈赠，不可不珍惜。

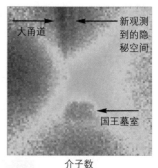

图17.13　用μ子探测的
胡夫金字塔内部结构
（图片来源：Science News）

自1912年宇宙射线被发现以来，围绕宇宙射线，一直有一个基本问题没有解决。那就是这些射线是从哪儿来的？它们如何能获得如此高的能量？这被研究人员称为"百年难题"。在地表上，我们探测到的基本上都是高能宇宙射线与大气撞击之后的产物，即次级宇宙射线。所以如果要追溯这些射线的本源，是不是到大气层顶部去测量就可以了呢？然而，在地球上还有一个"金钟罩"影响了宇宙射线，那就是地球的磁场。高能宇宙射线，如质子，都是带电的。经过地磁场后宇宙射线发生偏转，使得宇宙射线偏离原来的轨迹，因此其起源也就无从追溯了。但是，有一种宇宙射线却没有这个烦恼，那就是高能光子，即γ射线。它不会受到磁场的影响，因而可以精确定位到射线的起源，从而对研究宇宙射线的形成具有重要的意义。

我国于2023年建成了世界上最先进的γ射线波段宇宙射线观测站——高海拔宇宙线观测站。它建在四川高海拔的山区中，减少了大气对宇宙射线的影响。这个了不起的实验室还在试运行期间就已经贡献了世界上最先进的成果。虽然它所采用的射线观测方式已经不再是云室，但是其探索宇宙射线的执着和100年前的科学家是一致的。

第 **18** 章

一分钟简介

在本章中，您将了解到如何利用非常简单的材料制备出只有纳米尺寸的量子点，并对其荧光性质进行研究。我们将讨论量子点的"量子"从何而来，以及它对材料的性能有何影响。我们还将了解前沿研究中如何利用量子点探测单个电子。

闲话基本原理

2023年，诺贝尔化学奖授予了在量子点领域作出开创性贡献的3位科学家。量子点这个在生活中不常听到的词也因此成为一时的热点。那么，这种值得颁发诺贝尔奖的材料有何神奇之处呢？

量子点是一种直径为几纳米的微小颗粒。对于微小颗粒，我们平时熟悉的是PM2.5，它们的直径约为2.5μm。这种微小的颗粒肉眼已无法分辨，需要借助科研级别的光学显微镜。但是与量子点相比，PM2.5就是巨无霸。一个PM2.5大小的球可以容纳几十万个量子点。想要观察如此细小的结构，光学显微镜就无能为力了，需要借助先进的透射电子显微镜（TEM）才能看到它们。

图18.1展示了一种量子点（硫化铅量子点）的TEM照片。图18.1（左上）是一堆量子点的集体照，可以看出它们是一些尺寸比较均匀、直径数纳米的小球。图18.1（右上）是TEM放大倍数后的照片，看起来非常像水墨葡萄。图18.1中的下面两张图则是更进一步放大量子点照片后，可以看到原子图像的照片，那些网格或条纹状的花纹就是原子的有序排列。"（100）""（111）"则代表了晶体中的两种原子面。箭头是垂直于这些原子面的方向。

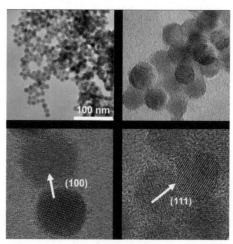

图18.1　硫化铅量子点在TEM下的显微照片（图片来源：上海科技大学宁志军教授课题组）

　　这些不起眼的小球为何会获得"量子"这么高端的名字呢？这是因为在这些小球身上能很好地体现量子力学的特征。

　　量子力学赋予了微观粒子波的性质。在量子点中，原子核比较笨重，可以认为是静止不动的；而电子则可以认为是被束缚在量子点小球中的波。对于受束缚的波，一根绷紧的弦就是生活中能见到的例子。如图18.2所示，两端固定的弦有许多种振动模式，最下面所画的是基频振动模式，中间所画的振动模式的频率是基频振动模式的2倍，最上面所画的振动模式的频率是基频振动模式的3倍，这些模式可以用一些正弦函数来描绘。比如，基频振动模式可以用$y=\sin x/2L$来表示。其中，L是两个固定点之间的长度，y是弦上x点处偏离平衡位置的距离。这个函数的特点就是当$x=0$和$x=L$时，y都等于零，从而满足弦的边界条件。它所对应的波长λ为$2L$。除了这个模式外，还有一些更高频率的振动模式，如$y=\sin 2x/2L$，

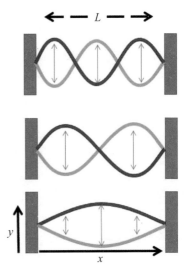

图18.2　两端固定的弦具有的几种振动模式

$y=\sin 3x/2L$等。这些振动模式的频率分别是基频振动模式的2倍、3倍……所对应的波长分别为$\lambda=L$、$\lambda=2L/3$等。在音乐中称为"泛音"。从弦所具有的能量来看，如果各种振动模式的振幅相同，容易看到基频振动模式的能量比较低，因为弦扭曲得不那么厉害。而其他振动模式对应弦的扭曲越来越厉害，因此能量依次升高。

　　这对于量子点有什么意义呢？实际上，对于量子点内部电子波的行为，可以根据上述图像来进行理解。受到量子点表面的限制，电子波只能存在于量子点内部，因此就像是两端固定的弦。由于这个边界条件，电子波的波长只能取一些分立的值，如$\lambda=2L$、$\lambda=L$、$\lambda=2L/3$等。在量子力学中，电子的能量E可以由电子波长和质量m确定，即$E=(h/\lambda)^2/2m$，其中$h\approx 6.63\times 10^{-34}\,\mathrm{J\cdot s}$，为普朗克常量。这意味着其能量也只能取一些分立的值，形成了一系列的能级。

　　当L很小时，比如小到几纳米，那么两个相邻能级之间的能量差可以非常大。大到什么程度呢？能与可见光光子的能量相当。这个时候，量子点就开始变得五彩缤纷了。因为电子从一个能级跳跃到下一个能级时，会释放光子，光子能量为能级差。如果这个能量对应的光子处于可见光波段，我们就能看到量子点带颜色了。这就是为什么2023年诺贝尔化学奖在评价量子点的3位先驱时说："They added colour to nanotechnology"（他们为纳米技术增添了色彩）。正因为这种特性，量子点在发光材料、显示成像、光催化、太阳能电池等很多方面得到了广泛应用。

　　实际上，获奖人之一的俄罗斯科学家阿列克谢·叶基莫夫最早就是在研究古老的彩色玻璃为什么有各种颜色时发现了量子点。古人在玻璃烧制过程中无意间为玻璃添加了一些金属成分，这

些成分在高温烧制下形成量子点，从而让玻璃带上了颜色。叶基莫夫最早通过X射线分析了不同颜色的玻璃内所含量子点的尺寸，揭示了玻璃颜色与量子点尺寸之间的关联。这一点可以从能级表达式 $E=(h/\lambda)^2/2m$，以及 $\lambda=2L$、$\lambda=L$、$\lambda=2L/3$ 等来进行理解。如果量子点尺寸 L 变小，相邻能级之间的能量差就会增大，对应于量子点发光的波长从长波（红色端）向短波（紫色端）变化。所以，合成尺寸均一可控的量子点对于应用是至关重要的。

动手实践

通过前面的讨论，我们了解了量子点的基本性质。如果能在家里自己制造量子点，那会是非常激动人心的一次实验。获得了诺贝尔奖的工作可以在家里实现吗？答案是可以的。而且这个实验比本书中很多其他实验都要简单得多。

所需材料：木炭、水、紫外激光笔。

我们烤火用的木炭是木材经过高温处理（有时还有高压处理）后的产物，在此过程中会产生大量碳的小颗粒，有一些小颗粒的尺寸在纳米量级，它们就是量子点！我们只需把木炭浸泡在水中洗一洗，留下来的就是高科技量子点溶液了（一般人称它为"脏水"）。

图18.3展示了上述制备高科技量子点溶液的过程。往容器中倒入100 mL水（纯净水比较好），加入10块木炭（图中采用的是竹炭）。摇晃容器，使水冲刷木炭。木炭洗干净后取出，剩下来的黑水就是我们的宝贝了。由于每块木炭产生的量子点有限，使用的木炭数可以多一些，这样量子点溶液浓度会高一些，有助于后续实验。浑浊的黑水需静置24小时，令其变得比较通透。这是因为大颗粒沉淀了下去，而纳米级别的量子点依然悬浮在溶液中。

图18.3　制备高科技量子点溶液的过程

手捧这杯宝贝，你可能会琢磨一个深刻的问题——这有什么用？如果真像图18.1所示的去分析其中量子点的原子结构，需要动辄耗资上千万元的设备。作为业余科学家，我们能做些什么呢？

我们可以观察量子点的荧光，以探究这些纳米级小颗粒的性质。图18.4展示了一束405nm的近紫外激光穿过溶液的情景。在空气中不可见的激光轨迹，此时在木炭量子点溶液中呈现出一道有些发白的浅蓝色的光。这就是量子点在近紫外光的激发下所产生的荧光。

但是，这真是量子点在发光吗？我们知道，当光线经过一个充满小颗粒的介质时，还会发生一种更常见的现象，即丁达尔效应。光被这些小颗粒的表面散射，从而使不可见的光线呈现出来。树荫下的一束束阳光就是灰尘对光的散射造成的。那么，图18.4所示的是不是也是碳颗粒带来的丁达尔效应呢？

图18.4　木炭量子点的荧光效应

要研究这个问题，我们只需做一个对照试验。图18.5的左图展示的是一个超声波加湿器，能够非常方便地产生大量水颗粒（水雾）。图18.5的右图展示了激光经过水雾时，丁达尔效应带来的散射。我们在图18.5的右图中能看到一束鲜艳的紫色光线。与图18.4中的淡蓝色光线对比，显然波长是不一样的。能够发生波长变化的过程在物理上都是非常有趣的。这意味着在光与物质发生相互作用的过程中，产生了光子能量的改变，这体现了散射物质不平凡的内部结构。2023年的诺贝尔物理学奖授予了阿秒激光的研究。产生阿秒激光就需要用到入射光与物质发生相互作用以后光子能量的改变而产生的"高次谐波"。由此可见，能改变光子能量的光散射过程发生何等重要。

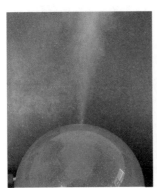

图18.5　通过水雾产生的激光散射

水雾引起的光散射属于常见的光散射，只能改变光的方向，不能改变光子的能量。而量子点受到入射光激发后所发出的光的波长则取决于其尺寸及表面的化学结构，与入射光的波长不同。因此，在这里入射的紫光（高能光子）可以激发出蓝光（能量相对较低的光子）。

我们虽然从图像上可以看出差别，但是有没有更科学的方法来区分丁达尔效应和量子点的荧光效应呢？其实只需借助本书的"给太阳量体温"一章中的装置就可以进行进一步的分析。

在"给太阳量体温"一章中，我们制作了一个光谱仪，在这里恰好能派上大用场。我又制作了一个小号的光谱仪，如图18.6所示。在入射口，用两个刀片形成狭缝，在出射口，用一个500线/毫米的光栅片作分光。狭缝和光栅片的方向与光的方向平行即可。

图18.6　用一个边长为12cm的纸盒子制作的小号光谱仪

利用这个小号的高级光谱仪，我们可以深入分析木炭量子点溶液散射的光与水雾散射的光有何不同。图18.7展示了这样一幅光谱图：图18.7（A）是透过光栅看到的狭缝照片。上部最亮的那条横线即未经过光栅衍射的零级衍射条纹，下面的彩虹色部分则是一级衍射条纹。正由于彩虹色的频谱，使得这种光看起来有些发白（如图18.4所示）。图18.7（B）是沿着图18.7（A）中的虚线取得的灰度值。图18.7（B）中的红色箭头代表了一级衍射的开端，蓝色箭头代表了二级衍射的开端，在两个箭头之间的区域就对应了图18.7（A）中的彩虹色所在的位置。

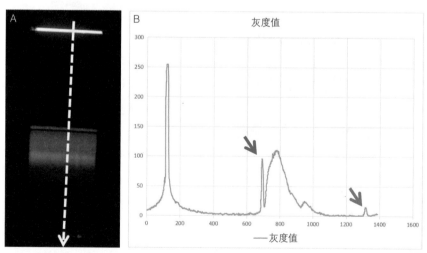

图18.7　（A）木炭量子点溶液的散射光光谱图　（B）在图18.7（A）中沿着虚线方向获得的灰度值分布

对水雾散射的激光进行同样的分析，我们得到了迥异的光谱（如图18.8所示）。注意，此时我们仅观察到3个尖锐的峰，对应于零级衍射、一级衍射和二级衍射的开端。在一级衍射和二级衍射之间并没有看到其他波长成分。这是可以理解的，因为激光的单色性很好，理应只观察到一些分立的峰（其实就是因为激光频率不断被复制出现的各级衍射）。这就证明图18.7（A）所看到的彩虹色是在激光激发下由量子点所发出的荧光。

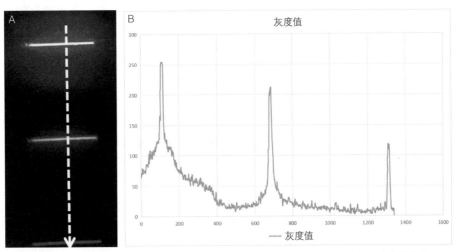

图18.8　（A）水雾散射激光光谱图　（B）沿图18.8（A）中的虚线方向获得的灰度值分布

如上文所述，改变量子点所发出的荧光颜色可以通过改变量子点的尺寸来实现。但是由于木炭量子点的纯天然特性，它所产生的量子点有各种尺寸，导致其荧光是彩虹色的［如图18.7（A）所示］。如果能精确控制量子点的尺寸，就能产生想要的荧光颜色了。为了能看到这种效果，我在网上用140元购买了两种碳量子点，溶解在水中就能看到它们产生颜色不一样的荧光（如图18.9所示）。注意：这两种碳量子点的尺寸不均匀，所以它们各自的荧光频谱成分也并不纯净。但是，通过对比的确能看到对量子点的尺寸进行控制能改变其荧光。

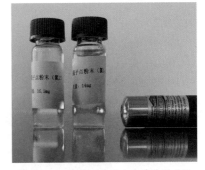

图18.9　不同的碳量子点在紫外激光的激发下产生不同的荧光

探索与发现

量子点除了在光学方面的特性得到了应用外，它还有可能被用来探测单个电子，甚至用于量子计算。那么，它是如何做到的呢？

这其中蕴含的基本道理也能利用高中所学的知识进行理解。如图18.10所示，一个量子点如果和外界电极产生了非常微弱的连接，那么在它和电极之间形成的电容是一个非常小的量。我们平时用到的几毫米大的陶瓷电容，其电容值一般都在nF量级。而电容的电容值与其面积大小成正比。可以想见，一个只有量级纳米大小的量子点所形成的电容应该在10^{-15}F以下。这么小的电容有什么

量子点等效内容

图18.10　一个和外界环境产生微弱连接的量子点可以等效为一个小容量电容

用？高中学过，电容的电压V与它所存储的电荷Q及电容C有如下关系：

$$V = Q/C$$

这意味着，一个大小为10^{-15}F的电容如果存储一个电子（$Q = 1.6 \times 10^{-19}$ C），它和电极之间的电压差也会达到1.6×10^{-4} V。这个0.1 mV量级的电压已经很容易测量了。所以，量子点可以用来探测或存储单个电子。

如果有两个或多个量子点，它们还能互相耦合，形成有趣的电子结构。我曾经做过一个研究碳纳米管中的两个量子点相耦合的实验。如图18.11（A）那张美丽的数据图所示，明亮的线代表了电子被注入某一个量子点，而它们相交的那些点代表了电子可以同时注入两个量子点。当时，为了能够模拟这样的结果，我进行了很长时间的计算，但是得到的图像总是和实验结果相去甚远。忽然有一天，我意识到在模型中应该让电子根据能量高低自由选择它所喜欢待的量子点，于是，得到了图18.11（B）。多年后，我已不记得计算的细节，但是实验成功那一刻的喜悦依然十分清晰地印在记忆中。

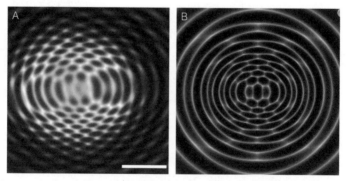

图18.11　（A）两个量子点相耦合所形成的美丽图像（右下角的标尺为500 nm）
（B）利用模型计算得到的两个量子点的耦合图